地膜覆盖穴播小麦田

地膜覆盖条播小麦田

小麦播种机械直接播种

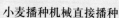

玉米秸秆粉碎覆盖还田作业情景

1

小麦叶锈病

小麦条锈病

小麦白粉病危害叶片症状

小麦纹枯病

小麦全蚀病田间危害状

2

小麦赤霉病

小麦叶枯病

小麦散黑穗病

小麦腥黑穗病病粒
与健粒比较

3

小麦黄矮病

小麦土传花叶病

小麦黑胚病病粒与健粒比较

小麦胞囊线虫病

# 内 容 提 要

本书由国家小麦工程技术研究中心尹钧教授等编著。紧密结合我国小麦生产实际,系统地阐述了小麦的标准化生产技术。内容包括:小麦标准化生产概述,小麦标准化生产的品种选择,小麦标准化生产对产地环境的质量要求,小麦标准化生产的播前准备、播种管理技术、病虫害防治技术以及小麦的标准化收获和产品的质量标准。语言通俗易懂,技术先进实用,可操作性强,适合种植小麦的广大农户、技术推广人员和小麦商品粮生产基地的工作人员学习使用,也可供农业大中专院校农学专业师生阅读参考。

## 图书在版编目(CIP)数据

小麦标准化生产技术/尹钧主编. 李金才编著. — 北京:金盾出版社,2008.1(2018.1 重印)

(建设新农村农产品标准化生产丛书)

ISBN 978-7-5082-4802-8

Ⅰ.①小… Ⅱ.①尹…②李… Ⅲ.①小麦—栽培—标准化 Ⅳ.①S512.1

中国版本图书馆 CIP 数据核字(2008)第 178013 号

**金盾出版社出版、总发行**

北京市太平路 5 号(地铁万寿路站往南)

邮政编码:100036　电话:68214039　83219215

传真:68276683　网址:www.jdcbs.cn

封面印刷:双峰印刷装订有限公司

彩页、正文印刷:北京天宇星印刷厂

装订:北京天宇星印刷厂

各地新华书店经销

本:787×1092 1/32　印张:5.625　彩页:4　字数:117 千字

2018 年 1 月第 1 版第 9 次印刷

印数:43 001～46 000 册　定价:16.00 元

建设新农村农产品标准化生产丛书

# 小麦标准化生产技术

主　编
尹　钧

编著者
尹　钧　李金才
李洪连　李永春
任江萍　牛洪斌　周苏玫

金属

# 序　言

　　随着改革开放的不断深入,我国的农业生产和农村经济得到了迅速发展。农产品的不断丰富,不仅保障了人民生活水平持续提高对农产品的需求,也为农产品的出口创汇创造了条件。然而,在我国农业生产的发展进程中,亦未能避开一些发达国家曾经走过的弯路,即在农产品数量持续增长的同时,农产品的质量和安全相对被忽略,使之成为制约农业生产持续发展的突出问题。因此,必须建立农产品标准化体系,并通过示范加以推广。

　　农产品标准化体系的建立、示范、推广和实施,是农业结构战略性调整的一项基础工作。实施农产品标准化生产,是农产品质量与安全的技术保证,是节约农业资源、减少农业面源污染的有效途径,是品牌农业和农业产业化发展的必然要求,也是农产品国际贸易和农业国际技术合作的基础。因此,也是我国农业可持续发展和农民增产增收的必由之路。

　　为了配合农产品标准化体系的建立和推广,促进社会主义新农村建设的健康发展,金盾出版社邀请农业生产和农业科技战线上的众多专家、学者,组编出版了《建设新农村农产品标准化生产丛书》。"丛书"技术涵盖面广,涉及粮、棉、油、肉、奶、蛋、果品、蔬菜、食用菌等农产品的标准化生产技术;内容表述深入浅出,语言通俗易懂,以便于广大农民也能阅读和使用;在编排上把农产品标准化生产与社会主义新农村建设巧妙地结合起来,以利农产品标准化生产技术在广大农村和广大农民群众中生根、开花、结果。

我相信该套"丛书"的出版发行,必将对农产品标准化生产技术的推广和社会主义新农村建设的健康发展发挥积极的指导作用。

王连铮

2006 年 9 月 25 日

注:王连铮教授是我国著名农业专家,曾任农业部常务副部长、中国农业科学院院长、中国科学技术协会副主席、中国农学会副会长、中国作物学会理事长等职。

# 目 录

# 第一章　小麦标准化生产概述

　　小麦是我国重要的粮食作物,常年播种面积 2 300 万公顷、总产量 9 500 万吨,分别占粮食作物总面积和产量的 25% 和 22% 左右,全国商品小麦的常年收购、销售和库存量均占粮食总量的 1/3 左右。因此,我国小麦生产状况不仅对我国社会经济发展、人民生活水平的提高、国家粮食安全及社会稳定具有极其重要的意义,而且对于世界小麦供求形势、市场价格、贸易状况等将产生重大影响。特别是我国在加入世贸组织(WTO)以后,关税壁垒逐渐降低,非关税贸易壁垒在国际贸易中的重要性日益上升,技术壁垒则是非关税贸易壁垒中最重要的一个。所以,要提高我国小麦的国际竞争力,积极开拓小麦国际市场,扩大出口,就必须严格按照小麦标准化操作规程进行生产、加工、包装。提高小麦整体质量和安全体系建设水平,对于促进农业结构调整和农业产业化经营、保证国家粮食安全、增加农民收入以及全面建设小康社会具有十分重要的作用。

## 一、小麦标准化生产的概念与意义

### (一)小麦标准化生产的概念

　　所谓小麦标准化生产,就是按照"统一、简化、优选"的原则,通过制定和实施标准,把小麦生产的产前、产中、产后管理技术的全过程纳入标准生产和标准管理的轨道。其中,产前包括种子、化肥、农药、生长调节剂等生产资料、土地准备及土壤耕作等环节;产中包括播种、施肥、浇水、中耕、病虫害防治和收获等技术;产后包括贮藏、包装、加工等技术。通过小麦标准化体系的建立和实施,把先进的科学技术和成熟的经验推广到农户,转化为现实的生产力,生产出符合人类健康、食品加工和国际市场要求的小麦产品,取得最佳经济、社会和生态效益,从而达到高产、优质、高效的目的。

## (二)小麦标准化生产的意义

小麦标准化作为组织现代化农业生产和加工的有效手段,用先进的技术、科学的管理和严格的标准来规范小麦生产活动,使生产加工的小麦产品质量能够广泛适应国内外市场的需求,从而获得更佳的秩序和效益,具有重要的战略意义。小麦标准化生产的意义主要体现在以下几个方面。

**1. 实施小麦标准化生产是增强农产品国际竞争力的迫切需要**  标准化是紧紧围绕消除贸易技术壁垒、提高产品竞争力而展开的。我国加入 WTO 后,农业国际化趋势日益增强,生产经营活动将越来越多地受到全球市场的影响及产品质量标准的制约。世界发达国家通过长期积累,已形成了较为完整的农业标准化体系,而且还在不断发展。我国还处于起步阶段,不少农产品虽有产量优势,却没有标准优势,更谈不上质量优势。因此,为了适应国内外小麦市场的竞争,进一步发展小麦生产,国家农业部公布了小麦质量安全推进计划,其中的主要措施就包括建立科学的分类分级标准,使小麦生产逐步规范化和标准化以及建立健全小麦品质评价体系及监控体系。这就需要建立相应的具有高水平的小麦标准化生产体系,贯穿于产前的种子、农药、化肥等生产资料的选用,产中的栽培管理技术和产后的产品分等分级及贮藏、保鲜、包装等,把小麦生产的全过程纳入规范化的管理轨道,从而有利于推进产、供、销一体化,增强小麦的市场竞争能力。因此,加强小麦标准化体系的建设,提高我国优质小麦的国际竞争力,已成为我国农业发展的当务之急。

**2. 推进小麦标准化生产是农业产业化的重要环节** 农业产业化经营是我国改革开放以后在农业领域取得的重大成果之一,这一成果使农民的传统种田观念发生了根本性变化,他们不再满足于自给自足的生产方式,而是向市场这个更广阔的空间要效益、谋发展。农业产业化以市场为导向,以经济效益为中心,优化组合各种生产要素,实行规模化、专业化生产,企业化管理,形成农工商、产供销、农科教一体化的经营体系,使农业走上自我发展、自我积累、自我约束、自我调节的良性发展轨道。通过制定和执行标准,把小麦生产产前、产中、产后从生产、管理到销售相互联系的各个环节,就像工艺流程一样加以规范化,把农业产品在不同生长阶段所需要达到的指标,按照小麦标准化生产技术的要求,分项作业与管理,变分散的、小规模的粗放型生产经营,向标准化、专业化大生产发展。当前适合我国农业发展的组织形式是由公司对基地进行统一规划、统一组织、统一技术服务,农户分散经营,并按统一的技术标准,把从事生产、加工的农户组织起来,进行分户生产、集中加工、统一销售,只有这样用标准严格地控制从种子、加工到销售的每个环节,才能保证产品高质量和统一规格,才能使农产品成为有竞争力的商品。因此,农业的产业化离不开标准化,标准化是产业化质量的基本技术保障。

**3. 加快推进小麦标准化是提高人民生活质量的需要** 随着人民生活水平日益提高,人们越来越重视农产品的质量,希望能买到由质量认证机构认可的、符合一定标准的优质农产品,农产品质量安全已成为广大消费者日益突出的要求。生产者也希望自己生产的符合一定标准的优质农产品能得到社会认可,实现优质优价,提高经济效益,增加农民经济收入,农业生产面临由数量型向质量型、健康型的转变。因此,只有按照技术标准生产的农产品才能达到质量要求,也才能满足不断提高的人民生活水平对农产品质量的需要。

**4. 加快农业标准化建设是实现农业现代化的需要** 随着农业生产技术水平的提高和全球化、区域经济一体化的迅速发展,国际间农产品、技术及信息的交流越来越频繁。我国加入 WTO 后,农产品将进入国际大市场,不提高农业标准水平,就难以抵御加入世贸组织带来的冲击。因此,建设农业标准化已成为当今世界农业发展的潮流和趋势,是传统农业向现代农业发展的一个重要标志。在农业现代化指标体系中,农业标准化水平是十分重要的指标。现代农业与传统农业有着本质区别:一是两者的物质基础不同,传统农业的物质基础是手工工具、人畜动力及自然肥料等,现代农业的物质基础则是机械工具、矿质能源、温室工程及化肥、农药、农膜等化学产品的广泛利用和来源于工业的各种材料在农业设施中的应用;二是技术体系不同,传统农业是建立在直观经验基础上,与手工劳动相适应的技术体系,现代农业则是建立在现代科学基础上,与机械化、化学化、设施化、信息化相适应的技术体系;三是生产经营方式不同,传统农业是小规模自给自足的自然经济方式,现代农业则是规模化、专业化的商品生产,产、销一体化的现代产业。现代农业的本质特点决定了没有标准化,就无法实现农业的现代化,如化肥、农药的大量使用会造成农产品和环境的污染,无质量标准的农产品无法实现产品向商品的转化。因此,传统农业不存在也不需要标准,更谈不上标准化,而现代农业各环节都离不开标准化。

# 二、我国小麦标准化生产的现状与对策

小麦标准化生产是一项系统工程。它着眼于生产、加工、销售、消费等各有关方面的利益,在一定的资源和技术条件下,以现实消费者的身体健康和食品安全为最高目的,以制定标准、实施标准为主要环节,按照统一、简化、协调、选优的原则,在各有关方面的协作下,对产品的生产、加工、贮藏、运输、销售全过程进行标准化管理。

## (一)我国农业与小麦标准化的发展现状

我国农业标准化工作起步较晚,20 世纪 60 年代开始农业标准化的研究与应用工作,到 90 年代我国农业标准化的发展进入了综合标准化阶段,提出了健全农业标准化体系与农业标准化检测体系。自 1996 年以来,我国的农业标准化进展较快,平均每年安排国家标准 100 项左右,国务院农口各部门和各地方也加大了农业方面标准的制定、修订力度,累计完成农业方面国家标准 1 056 项,农业行业标准累计达 1 600 多项;各省、自治区、直辖市共制定农业地方标准累计达 6 179项。覆盖了粮食、棉花、油料、禽畜产品、水产品、水果、蔬菜、林业和烤烟等生产领域,贯穿产前、产中及产后的全过程。近年来,各地结合本省、自治区、直辖市农业发展重点建立的省级农业标准化示范区的数量迅速增加,初步形成了层层示范的局面。示范工作促进了农业产业化的发展,示范项目取得了显著的经济效益,一大批按标准化组织生产的无公害食品基地、绿色食品基地已形成先发优势,示范作用明显。据估算,农业标准化的实施,每年给我国新增产值总计达 40 亿元以上。

小麦标准化工作近年来也有较快的发展,主要涉及优质小麦生产标准化、无公害小麦生产标准化、小麦生产标准化基地等方面,且多数是地区性、区域性的标准,集中在小麦的主产省、主产县,而贯穿小麦产前、产中及产后全过程的生产标准较少,尚需要进一步完善。

### (二)标准化发展中存在的主要问题

**1. 标准化意识薄弱** 由于我国长期以来受短缺经济的影响,农村经济较为落后,农民的科技水平和市场意识薄弱,甚至许多地方政府对于发展高优农产品也缺乏有效的认识,农产品生产方式仍停留在数量型生产上,以质量争效益的观念不强;实施标准化生产还不能成为各级政府和有关部门及农民的自觉行动。国内市场上标准化的产品很少,部分产品加工企业虽然拥有自己的产品标准或达到国家相应的产品标准,但由于缺乏标准化的小麦生产技术,而使企业的生产受损,或通过进口才能解决,一度造成了国内小麦积压,农民卖粮难,而企业又必须大量进口优质小麦的被动局面,极大地挫伤了农民种粮的积极性,导致"十五"后期我国粮食安全出现了比较严重的问题。

**2. 标准不能适应市场的要求** 我国目前农业标准的制定、修订工作严重落后于农业经济的发展,标准的制定过程缺乏统一规划,制定和实施标准还处于自发和分散状态,针对性不强,重点不突出,不能适应农业产业化的发展要求。标准制定周期太长,跟不上市场变化的需要;许多标准中的技术指标落后,修订不及时,标龄太长,满足不了产品更新和产业升级的需要,特别是农产品质量、卫生、安全方面的指标低,且项目不齐全的问题突出;同时在制定标准时考虑国内因素多,与国际市场接轨少,无法适应国际市场对农产品的要求。

**3. 标准的制定与实施相脱节** 我国自实行标准化建设以来,各省、自治区、直辖市累计制定地方标准 6 000 多项。但是在这些标准中,产中技术规范多,产后标准和系列标准少,标准与市场、流通结合不紧。许多地方农业标准制定后难以付诸实施,或缺乏实施的市场条件,标准的制定与实施、推广严重脱节,存在着重标准制定、轻标准实施的现象;另一方面,由于缺乏与标准实施相配套的生产技术,加上优质与高产在农业生产中的矛盾,致使目前在农业结构调整中对优质、高产、高效生产技术的需求十分迫切。

**4. 农业生产环境与生产资料的质量影响农业标准化的实施** 当前麦田化肥、农药过量施用,不仅造成地下水、土壤和大气污染,而且由于农药超标使用,诱使病虫抗药、耐药性增强,陷入农药用量不断增加的恶性循环,收获作物中农药残留量增加;另一方面,工业"三废"和生活污水的不合理排放,致使农业灌溉用水质量下降,农田有毒物质和重金属含量增高,从而严重影响到农作物的质量安全,对农业生产构成威胁。同时我国农业生产资料的生产经营不规范,农业投入品中的污染物也已成为农业生态环境和农产品污染的另一个重要来源。这些都严重影响了我国农业标准化的实施。

**5. 农业标准化监测体系不完善** 有的地方检验、监测机构不健全、不配套,检测手段落后,对农产品、农业生产资料及病虫害疫情、土壤、水质、大气污染等检验和监测不到位、不及时;另一方面,我国农业生产者及农产品批发市场分散,农村条件差异大,也是检测不到位的重要原因,从而影响了农产品质量的提高和农产品进入国际市场的进程。

### (三)小麦标准化生产的对策

在各地和各有关部门的共同努力下,我国农业标准化的实施取得了一定的成绩,在改良农产品品种和品质,规范农业生产,提高农产品生产水平,特别是在创名牌农产品和无公害农产品等方面,取得了成效,积累了经验,为加快发展标准化工作奠定了基础。在今后的发展过程中,各部门应充分利用自身优势,从以事后检验把关为主,转到以预防为主的综合治理、全程管理上来。对标准化的建设,实行从产地环境、农业投入品、生产过程、市场销售的全程监控,促进农业标准化建设的健康迅速发展。主要对策归纳为以下4点。

**1. 加快小麦标准化的技术研究与推广** 小麦标准化是建立在一定的科学技术研究、应用的水平之上,标准化的过程,就是农业科技普及化的过程。应加强对产前、产中、产后各个环节的技术研究,加强研究和利用世界农业发达国家制定的标准,逐步形成成熟的技术措施。充分利用现有的标准化农业示范区、龙头企业生产基地的辐射推广功能,加速科技成果的转化,形成完善的农业标准化科技推广网络,确保农业标准的贯彻实施,并在实践中不断完善。

**2. 加强小麦标准实施应用的监督检测力度** 健全的标准监督体系建设涉及到检验检测、质量监督、行政执法和立法保护等机构的相互配合。各级质量监督管理部门及相关部门应严格把关,加强对农业生态环境监测和农产品的安全性检测,抓好标准实施情况的监督,实行严格的责任制和检查督办制,建立较为完善的农业生产资料、农副产品和农业生态环境等方面的监测网络。

**3. 完善市场调控机制** 加大对小麦标准化的宣传教育和知识普及,增强生产者、经营者、管理者和消费者的标准化意识,在超市、专卖市场和大型农产品批发市场的专卖区逐步实行市场准入制度,对不符合强制性标准的产品,一律实行市场退出,不得进行交易和销售。提高标准化生产产品的市场地位,从而提高其市场占有率和竞争力,逐步形成优质优价的良好市场秩序,促进农业标准化的健康发展。

**4. 加强农业标准化信息体系建设** 随着世界经济一体化和自由贸易的发展,发达国家农业标准化建设始终都在不断地深化。因此,我们必须加强小麦标准化信息体系建设,及时了解国际农业标准化的发展动态,为小麦标准化的技术研究提供信息服务。

# 第二章 小麦标准化生产的品种选择

## 一、普通小麦标准化生产的品种选用

在小麦的标准化生产过程中,品种生态型是品种选择利用的重要依据,而品种生态型是在一定地区的自然、经济及栽培条件下,通过自然选择和人工选择形成的,在品种利用上必须保证品种生态型与当地的气候生态条件相适应,才能使小麦的基本生长发育与产量品质形成正常实现。品种生态型也是确定种植制度、合理的栽培技术以及引种用种的重要依据。因此,小麦品种的选用与品种生态型和种植区划有密切的关系。

### (一)小麦品种生态类型

小麦品种的生态类型一般是以品种对气候生态条件的反应特性为主要依据,结合品种的抗逆性、生理特性、形态特征和经济性状等进行分类。在诸多生态因子中,温度和光照因子是对小麦生育进程起决定作用的气候生态因子。小麦完成生活周期对温度反应的不同表现出冬、春性特性。根据小麦品种春化发育阶段对低温敏感性的不同,可将小麦划分为三大类型。

**1. 春性品种** 北方春播品种在 5℃～20℃、秋播地区品种在 0℃～12℃的条件下,经过 5～12 天可完成春化阶段发育。未经春化处理的种子在春天播种能正常抽穗结实。如辽春 17 号、宁春 33、扬麦 5 号、扬麦 158、徐州 21、偃展 4110、豫麦 70、豫麦 34 和郑麦 9023 等。

**2. 半冬性品种** 在 0℃～7℃的条件下,经过 15～35 天,即可通过春化阶段。未春化处理的种子春播,不能抽穗或延迟抽穗,抽穗极不整齐。如周麦 9 号、晋麦 45、冀麦 5418、宝丰 7228、豫麦 54、百农矮抗 58、豫麦 41、豫麦 49、周麦 16、周麦 18、新麦 9 号、新麦 9408、高优 503、藁麦 8901 和济麦 20 等。

**3. 冬性品种** 对温度要求极为敏感,在 0℃～3℃条件下,经过 30 天以上才能完成春化阶段发育。未经春化处理的种子春播,不能抽穗。如京 841、京冬 1 号、京冬 6 号、农大 146 和矮丰 3 号等。

小麦在完成春化阶段后,在适宜条件下进入光照阶段。这一阶段对光照时间的长短反应特别敏感。小麦是长日照作物,一些小麦品种如果每日只给 8 小时光照,则不能抽穗结实,给以较长时间光照,则抽穗期提前。根据小麦对光照阶段的反应,可分为 3 大类型。

第一,反应迟钝型。在每日 8～12 小时的光照条件下,经 16 天以上就能顺利通过光照阶段而抽穗,不因日照长短而有明显差异。

第二,反应中等型。在每日 8 小时的光照条件下,不能通过光照阶段,但在每日 12 小时的光照条件下,需经 24 天以上才可通过光照阶段。

第三,反应敏感型。在每日 8～12 小时的光照条件下,不能通过光照阶段;每日 12 小时以上,经过 30～40 天才能通过光照阶段,正常抽穗。

温度对小麦的光反应也有较大的影响。据研究,4℃以下时光照阶段不能进行,20℃左右为最适温度。因此,有的冬小麦品种冬前可以完成春化阶段发育,但当气温低于4℃,便不能进入光照阶段。小麦进入光照阶段后,新陈代谢作用明显加强,抗寒力降低。所以,掌握小麦温光反应特性,有利于防止冬小麦遭受冻害。

以上对春化阶段和光照阶段的划分,在目前生产中仍然是适用的,随着世界范围内品种的交流,小麦品种的遗传基因不断丰富,生态类型日趋多样化,在各类型中小麦的冬春性又有强弱不同。在小麦生产上,品种生态型划分得越细,各地适宜的品种类型就越具体,对当地品种利用的指导性越强。在小麦生产上,品种生态型划分得越细,各地适宜的品种类型就越具体,对当地品种利用的指导性越强。

### (二)小麦生产的种植区域及品种选择

根据我国地理生境、种植制度和品种特性及播期特性,可将全国小麦分为3大分布区域,即春播区、秋播区及秋冬播区。冬性小麦品种主要种植在北方冬麦区,半冬性小麦品种主要分布于黄淮平原冬麦区,春性小麦品种主要分布于北方春麦区和钱塘江以南冬麦区。其中小麦温光特性的分布呈"冬性中心式"向春性扩散过渡的现象。即以秋播麦区中的黄淮中早熟冬麦区,向南冬性逐渐减弱,由冬性→弱冬性→春性;向北为冬性→强冬性→春性→强春性。由于自然温光受纬度、海拔、地形变化的影响,所以品种温光类型的分布也具有区域间、区域内相互交叉分布的特点,特别是在区域间的过渡带更为明显。如强春性与春性品种,在同一区可能交叉分布,冬性与强冬性品种在同区也可能交叉分布。具体来讲,全国小麦种植区域可划分为3个主区、10个亚区和29个副区(表1)。

表 1  我国小麦生态区域

| 主 区 | 亚 区 | 副 区 |
|---|---|---|
| 春(播)麦主区 | Ⅰ 东北春(播)麦亚区 | 1.北部高寒副区;2.东部湿润副区;3.西部干旱副区 |
| | Ⅱ 北部春(播)麦亚区 | 4.北部高原干旱副区;5.南部丘陵平原半干旱副区 |
| | Ⅲ 西北春(播)麦亚区 | 6.银宁灌溉副区;7.陇西丘陵副区;8.河西走廊副区;9.荒漠干旱副区 |
| 冬(秋播)麦主区 | Ⅳ 北部冬(秋播)麦亚区 | 10.燕太山麓平原副区;11.晋冀山地盆地副区;12.黄土高原沟壑副区 |
| | Ⅴ 黄淮冬(秋播)麦亚区 | 13.黄淮平原副区;14.汾渭谷地副区;15.胶东丘陵副区 |
| | Ⅵ 长江中下游冬(秋播)麦亚区 | 16.江淮平原副区;17.沿江滨湖副区;18.浙皖南部山地副区;19.湘赣丘陵副区 |
| | Ⅶ 西南冬(秋播)麦亚区 | 20.云贵高原副区;21.四川盆地副区;22.陕南鄂西山地丘陵副区 |
| | Ⅷ 华南冬(晚秋播)麦亚区 | 23.内陆山地丘陵副区;24.沿海平原副区 |
| 冬、春麦兼播主区 | Ⅸ 新疆冬、春麦兼播亚区 | 25.北疆副区;26.南疆副区 |
| | Ⅹ 青藏春、冬麦兼播亚区 | 27.环湖盆地副区;28.青南藏北副区;29.川藏高原副区 |

**1. 春(播)麦主区**  本区包括东北各省、内蒙古自治区、宁夏回族自治区和甘肃省全部或大部,以及河北、山西及陕西各省的北部地区。大部分地区处于寒冷、干旱或高原地带,冬季严寒,其最冷月(1月)平均气温及年极端最低气温分别在-10℃左右及-30℃左右,秋播小麦均不能安全越冬。因此,种植春小麦。全区依据降水量、温度及地势差异划分为下列3个亚区。

(1)东北春(播)麦亚区  本区包括黑龙江、吉林两省全部,辽宁省除南部大连、营口两市和锦州市个别县以外的大部,内蒙古自治区东北部的呼伦贝尔、兴安和哲里木三个盟以及赤峰市。全区地势东、西、北部较高,中、南部属东北平原,地势平缓。通常海拔200米左右,山地最高1 000米上下。土地资源丰富,土层深厚,地面辽阔,适于机械化作业。全区气候南北跨越寒温和中温两个气候带,温度由北向南递增,差异较大。最冷月平均气温北部漠河为-30.7℃,中部哈尔滨为-19℃,南部锦州为-8.8℃,是我国气温最低的一个麦区。

本区无霜期最长达160余天,最少仅90天。大于10℃的有效积温为1 600℃～3 500℃。无霜期偏短且热量不足是本区的一个主要特点。年降水量通常在600毫米,小麦生育期主要麦区降水可达300毫米左右,为我国春麦区降水最多的地区。但地区间及年际间分布不均,沿松花江东部地区多而西部少,6月、7月及8月份降水占全年降水量65%以上,以至部分地区小麦播种时雨多受涝。受热量资源不足的影响,种植制度为一年一熟。小麦适播期为4月中旬,成熟期在7月20日前后。适宜的小麦品种类型为春性,对光照反应敏感,灌浆期短,生育期短,多在90天左右,分蘖力和耐寒性较强,前期耐旱,后期耐湿,籽粒红皮,休眠期中等。本区又可分为北部高寒副区、东部湿润副区和西部干旱副区。

①北部高寒副区　该副区是我国纬度最高的麦区。全副区属寒温带，气温偏低，冬季严寒漫长，无霜期100天左右，春旱、夏涝、病害和倒伏是影响小麦产量的不利因素。生产上应选用前期耐旱，后期耐湿、耐肥、抗倒伏、不早衰及抗病的中早熟品种。

②东部湿润副区　该副区属于中温带，东北部的三江平原是主要集中的产麦区，小麦生育期的降水量均高于相邻的两个副区。土壤瘠薄、后期雨涝、赤霉病、根腐病和叶枯病等是影响小麦产量的不利因素。生产上应选用耐瘠、耐湿，抗多种病害、抗倒伏，不易落粒和不易穗发芽的品种。

③西部干旱副区　该副区西靠大兴安岭，中为松嫩平原及松辽平原，南为丘陵或高原，属中温带。雨量少，特别是春季降水少，风沙多。苗期干旱，中后期多雨高温，是影响小麦产量的不利因素。生产上应选用苗期抗旱，后期耐湿、耐高温，抗病早熟，种子休眠期长，抗穗发芽和高产性好的品种。

(2)北部春(播)麦亚区　全区以内蒙古自治区为主，包括河北、山西、陕西三省北部地区。该区地势起伏缓和，海拔通常700～1500米。全区日照充足，年日照2700～3200小时，是我国光能资源最丰富的地区。该区最冷月平均气温−17℃～−11℃，绝对最低气温−38℃～−27℃。降水量一般低于400毫米，不少地区在250毫米以下，小麦生育期降水量只有94～168毫米，属半干旱及干旱区。寒冷少雨、气候干燥、土壤贫瘠、自然条件差。小麦播种期从东南向西北，由低海拔向高海拔，从2月中旬开始逐渐推迟到4月中旬，成熟期由6月中旬顺延至8月下旬。全区受早春干旱，后期高温逼熟及干热风危害，青枯早衰，以及灌区的土壤盐渍化是小麦生产中的主要问题。选用抗旱优质品种,实行抗旱播种,轮作休闲,注意保墒,增施有机肥,培肥地力,开发水源,节水灌溉,防止干热风及合理施用氮肥是提高本区小麦产量和改善品质的主要措施。依据降水量的差异,本区又分为北部高原干旱副区和南部丘陵平原半干旱副区。

①北部高原干旱副区　该副区包括从内蒙古东部锡盟起,经乌盟,西至巴盟全部,为内蒙古高原主体。海拔1 000~1 500米,最高达2 000米。年降水量142~412毫米,小麦生育期内降水量只有61~160毫米。气候冷凉、干燥多风,风蚀沙化严重,尤其是后期干热风是影响小麦产量的不利因素。生产应选用抗旱、分蘖力强、早熟、抗倒伏、后期抗干热风、不易落粒、不易穗发芽的丰产稳产品种。

②南部丘陵平原半干旱副区　该副区是指除北部高原干旱副区以外的北部春(播)麦亚区的全境。全区由高原、丘陵、平原、滩地以及盆地组成,是我国春小麦的主产区之一。全境海拔1 000~1 500米,年降水量由250毫米向400毫米变化,即由干旱向半干旱地区过渡。小麦生育期间降水量110~270毫米,多数地区220毫米左右。生产上应选用耐旱、耐瘠、苗期生长发育慢、对光照反应敏感、丰产稳产性较好的品种。

(3)西北春(播)麦亚区　本区地处黄河上游三大高原(黄土高原、青藏高原、内蒙古高原)的交叉地带,包括青海省的东部、甘肃省的大部和宁夏回族自治区。属中温带,地处内陆,大陆气候强烈。主要由黄土高原和内蒙古高原组成,海拔1 000~2 000米,多数为1 500米左右,全亚区自东向西温度递增,降水量递减。最冷月平均气温为-9℃。降水量常年不足300毫米,最少年仅几十毫米。由于全区主要麦田分布在祁连山麓和有黄河过境的平川地带,小麦生长主要靠黄河河水及祁连山雪水灌溉,辅之以光能资源丰富,辐射强,日照时间长,昼夜温差较大等有利条件,成为我国春小麦主要商品粮基地之一。全亚区≥10℃年积温为 2 840℃～3 600℃,无霜期 118～236 天,生育期短,热量不足,种植制度以一年一熟为主。适宜的小麦品种类型为春性,对光照反应敏感,生育期 120～130 天。穗大、茎长、耐寒性强,种子休眠期长。春小麦通常在 3 月上旬至下旬播种,7 月中下旬至 8 月中旬收获。

全亚区依据主要生态特点又分为银宁灌溉副区、陇西丘陵副区、河西走廊副区和荒漠干旱副区。各个副区对小麦品种的要求是:银宁灌溉副区宜选用抗锈病(主要是条锈病)、较早熟和丰产稳产品种。陇西丘陵副区应选用抗旱、耐瘠、丰产、抗锈病品种。河西走廊副区则应选用抗干旱、抗风沙、耐水肥、抗倒伏的中早熟高产品种。荒漠干旱副区应选用耐寒、抗病虫、抗倒伏、不易穗发芽和早熟丰产的品种。

**2. 冬(秋播)麦主区** 冬(秋播)麦主区是我国小麦的主产区,冬小麦播种面积大,产量高,分布范围广。北起长城以南,西自岷山、大雪山以东。由于分别处在暖温带及北、中、南亚热带,致使南、北自然条件差异较大,主要受温度和降水量变化的影响。以秦岭为界,其北为北方冬(秋播)麦区,以南则属南方冬(秋播)麦区。北方冬麦区为我国主要麦区,包括山东省全部,河南、河北、山西、陕西等省大部,甘肃省东部和南部及苏北、皖北。除沿海地区外,均属大陆性气候。最冷月平均气温 -10.7℃～-0.7℃,极端最低气温 -30℃～-13.2℃。全年降水量在 440～980 毫米,小麦生育期降水量 150～340 毫米,多数地区在 200 毫米左右。全区以冬小麦为主要种植作物,其他还有玉米、谷子、豆类和棉花等作物。种植制度主要为一年两熟,北部地区有两年三熟,旱地有一年一熟。依地势、温度、降水和栽培特点等不同,可分为 5 个亚区。

(1)北部冬(秋播)麦亚区　本区包括北京市、天津市、河北省中北部、山西省中部与东南部、陕西省北部、甘肃省陇东地区、宁夏回族自治区固原地区一部分及辽东半岛南部,海拔通常在 500 米左右,高原地区为 1 200～1 300 米,近海地区为 4～30 米。本区属温带,除沿海地区比较温暖湿润外,主要属大陆性气候,冬季严寒少雨雪,春季干旱多风,水分蒸发强,旱、寒是该亚区小麦生产中的主要问题。最冷月平均气温 -10.7℃～-4.1℃,绝对最低气温通常为 -24℃,其中以山西省西部的黄河沿岸、陕西省北部和甘肃陇东地区气温最低,正常年份一般地区小麦可安全越冬,低温年份或偏北地区则易受冻害。全年降水量 440～710 毫米,主要集中在 7、8、9 三个月,小麦生育期降水量约 210 毫米。常有春旱发生。日照比较充足,全年平均日照时数最多达 2 053～2 900 小时。陇东和延安地区春季常有晚霜冻害。麦熟期间绝对最高气温为 33.9℃～40.3℃,个别年份小麦生育后期有干热风危害。种植制度一般为两年三熟。小麦播种期多在 9 月初至 9 月下旬,由北向南逐渐推迟。收获期在 6 月中旬至 7 月中旬,由南向北逐渐推迟。该区适宜的小麦品种类型为冬性或强冬性,具有较好的抗寒性,早春时对温度反应迟钝,对光照反应敏感,返青快、起身晚,而后期发育和灌浆较快;分蘖力强、耐寒、耐旱性强,籽粒多为硬质、白皮、休眠期短。生育期 260 天左右。依据地势、地形和气温变化,该区又分为燕太山麓平原副区、晋冀山地盆地副区和黄土高原沟壑副区。

①燕太山麓平原副区　该副区北起长城沿燕山南麓,西依太行山,东达海滨,南迄滹沱河及沧州一线以北地区。主要

由燕山及太行山山前冲积平原组成,地势开阔平坦,海拔 3～97 米,大部属河北大平原。由于燕山及太行山作屏障,气候温暖,最冷月平均气温－9.6℃～－4.1℃,绝对最低气温为－27.4℃～－20.6℃。正常年份冬小麦均可安全越冬。年降水量 440～710 毫米,小麦生育期为 150～215 毫米,春旱严重。境内不少地区水资源较丰富,除偏东地区外,水质良好,可用以灌溉。大面积生产上,要求种植的是适于水浇地栽培的冬性或强冬性、越冬性好、分蘖力强、成穗率高、适应春旱条件、后期灌浆快、丰产稳产的中熟多穗型品种。

②晋冀山地盆地副区  该副区包括山西省的晋中市、长治市、阳泉市全部,忻州市南部各县,太原市、吕梁和临汾市部分县;河北省沿太行山的涞源、阜平、平山和井陉等山区县。全副区为太行、太岳、吕梁等山脉环绕,海拔740～1100 米,主要由丘陵山地组成,其间分布着晋中和晋东南盆地。全副区以旱坡地为主,土壤贫瘠,灌溉不便。雨少干旱,低温冬冻,早春霜冻,地力瘠薄,以及后期干热风危害均为小麦生产中的重要问题。生产上选用的品种耐寒、耐旱性较强,一般分蘖成穗较多,穗粒数中等,多为白皮,休眠期短,对光照反应中等至敏感,生育期 230 天左右。

③黄土高原沟壑副区  该副区包括山西省沿黄河西岸的吕梁和临汾市的部分县;陕西省榆林和延安市的全部,咸阳、宝鸡和铜川市部分县;甘肃省庆阳地区全部及平凉地区部分县。全副区地势较高,海拔 1000 米左右,陇东地区多数为1200～1400 米,属黄土高原,70%以上属坡地,水土流失严重,地面支离破碎,耕作不便。生产上需选用抗冬寒、耐霜冻、抗旱、耐瘠、对光照敏感、起身拔节晚、分蘖力强、成穗多,抗倒伏、抗病,适于旱地种植的冬性或强冬性品种。

（2）黄淮冬（秋播）麦亚区　本区位于黄河中下游,南以淮河、秦岭为界,西至渭河河谷直抵春麦区边界,东临海滨。包括山东省全部,河南省大部分地区（信阳地区除外）,河北省中、南部,江苏及安徽两省的淮河以北地区,陕西省关中平原及山西省南部,甘肃省天水市全部和平凉及定西地区的部分县。全区除鲁中、豫西有局部丘陵山地外,大部分地区平原坦荡辽阔,地势低平,海拔平均 200 米左右。西高东低,其中西部地区海拔为 400～600 米,河南省全境海拔为 100 米左右,苏北、皖北海拔为数十米。气候适宜,是我国生态条件最适宜于小麦生长的地区。全亚区地处暖温带,南接北亚热带,是由暖温带向亚热带过渡的气候类型,本区大陆性气候明显,尤其北部一带,春旱多风,夏、秋高温多雨,冬季寒冷干燥,南部情况较好。区内最冷月平均气温-4.6℃～-0.7℃,绝对最低气温-27℃～-13℃,北部地区的华北平原,在低温年份仍有遭受冷害的可能,以南地区气温较高,冬季小麦仍继续生长,无明显的越冬返青期。年降水量 520～980 毫米,小麦生育期降水量约 280 毫米。日照略少于北部冬麦区,但热量增多,无霜期约 200 天,种植制度以一年两熟为主。丘陵旱地以及水肥条件较差地区,多为两年三熟,间有少数一年一熟。全区小麦播种期先后不一,西部丘陵、旱地多在 9 月中下旬播种,广大平原地区多以 9 月下旬至 10 月上中旬为适期。成熟期由南向北逐渐推迟,多在 5 月底至 6 月上旬成熟。选择品种时,北部以冬性或半（弱）冬性品种为主,南部淮北平原则为半冬性和春性品种兼有的地带。本区是我国小麦最主要的产区,其种植面积和产量居各麦区之首。全亚区分为黄淮平原副区、汾渭谷地副区和胶东丘陵副区。

①黄淮平原副区　包括山东（不含胶东地区）、河南（信阳

地区除外)两省,江苏省和安徽省淮河以北地区,以及河北省邢台、衡水地区全部和沧州、石家庄地区的大部分县。其范围位于海河平原南部及黄淮平原全部。地势平坦,地形差异小,幅员辽阔,由黄河、淮河及海河冲积而成,为中国最大的冲积平原,黄河以南的淮北平原则由暖温带渐向亚热带过渡,气温南高北低,雨量亦南多北少。黄河以北地区一般年降水量600毫米左右,小麦生育期降水量约200毫米,常有干旱危害。黄河以南地区年降水量700～900毫米,小麦生育期降水量一般为300毫米左右,常年基本不受旱害,但由于年际变化大和季节间分布不均,南部有时也受旱,还可能发生涝害。种植制度以一年两熟为主。本区的偏北部地区生产上应选用半冬性的抗寒、抗旱、分蘖力较强,抗条锈病、叶锈病,前期生长慢而中期生长快和后期灌浆迅速、落黄好的品种。高产区品种除具有上述性状外还要具有耐肥、矮秆,抗倒伏、抗白粉病的特性。偏南部则宜选用具有较好的耐寒性,分蘖成穗率中等,抗病、抗干热风的半冬性(早茬)和弱春性(晚茬)品种。

②汾渭谷地副区　包括山西省汾河下游晋南盆地的运城地区全部及临汾地区大部,晋东南盆地的晋城市大部;陕西省关中平原的西安市和渭南地区全部,咸阳及宝鸡市大部;甘肃省天水市全部和定西、平凉地区大部。全副区属黄土高原,由一系列河谷盆地组成。平川区为一年两熟,旱塬区多一年一熟或两年三熟。年降水量518～680毫米。但季节间分布不均及年际间变率大,常形成旱灾。平川地区有良好的水利设施可补充灌溉。旱塬土层深厚,蓄水保墒能力强,土壤耕性好,通过多年生产实践已形成一整套旱地农作制度。生产上应选用冬性或半冬性的品种,品种应具有春化阶段长、光照反应较敏感、光照阶段中等偏长、耐旱、耐瘠、耐寒力强的特点。

③胶东丘陵副区　位于山东半岛,岛的北、东、南三面环海,只有西南与潍坊市为邻。小麦主要分布在丘陵及滨海平原。土壤为褐土,土层深厚、质地较好、肥力较高。为黄淮冬(秋播)麦亚区的稳产高产基地。气候属暖温带,四季分明,季风进退明显,受海洋气候影响,气候温和、湿润。最冷月平均气温$-4.6℃$～$-3.6℃$,早春气温回升缓慢,寒潮频繁,常有晚霜冻害。年降水量600～844毫米,但季节间分布不均,致使小麦常受春旱威胁。热量较低,$\geqslant 10℃$积温一般为3855℃,一年二熟略不足,故多实行套种,以确保有充足的热量;西部地区热量稍高,麦收后可抢茬直播下茬作物。后期干热风也偶有发生,但不严重。生产上应选用冬性或半冬性品种。

(3)长江中下游冬(秋播)麦亚区　本区北以淮河、桐柏山与黄淮冬麦区为界,西抵鄂西及湘西山地,东至东海,南至南岭。包括浙江、江西省及上海市全部,河南省信阳地区以及江苏、安徽、湖北、湖南等省的部分地区。全区地域辽阔,地形复杂,平原、丘陵、湖泊、山地兼有,而以丘陵为主体,面积占全区的3/4左右。海拔2～341米,地势不高。本区位于北亚热带,全年气候湿润,水热资源丰富。年降水量为830～1870毫米,小麦生育期间降水量340～960毫米,常受湿渍危害。日照不足,小麦生育中后期常有湿害和高温危害发生。本区$\geqslant 10℃$积温高达4800℃～6900℃,种植制度以一年两熟以至三熟。全区小麦适宜播种期为10月下旬至11月中旬,成熟期北部5月底前后,南部地区略早。全区依据气候、地形不同可分为江淮平原区副区、沿江滨湖副区、浙皖南部山地副区、湘赣丘陵副区。

本区湿涝和病害是制约小麦生产的重要因素,须选用抗病优质高产品种,生产上应选用春性或半冬性品种,光照反应中等至不敏感,生育期 200 天左右。具耐湿性及种子休眠期长的特点。

(4)西南冬(秋播)麦亚区　本区包括贵州省全境,四川省和云南省大部,陕西省南部,甘肃省东南部以及湖北和湖南两省西部。全区地势复杂,山地、高原、丘陵及盆地相间分布,其中以山地为主(占总土地面积的 70% 左右),海拔一般为 500～1 500 米,最高达 2 500 米以上。其次为丘陵,盆地面积较少。平坝少,丘陵旱坡地多,是本区小麦生态环境中的一个特点。全区冬季气候温和,高原山地夏季温度不高,雨多、雾大、晴天少,日照不足。最冷月平均气温为 4.9℃,绝对最低气温－6.3℃。本区无霜期长,约 260 天。日照不足是本区自然条件中对小麦生长的主要不利因素,其年日照 1 620 余小时,日均仅 4.4 小时,为全国日照最少地区。种植制度除四川省部分冬水田为一年一熟外,基本为一年两熟。小麦播种期一般在 10 月下旬至 11 月上旬,成熟期在 5 月上中旬。全区依据气候、地形可分为云贵高原副区、四川盆地副区和陕南鄂西山地丘陵副区。

生产上应选用半冬性或春性品种,冬季无停滞生长现象,对光温反应迟钝,生育期 180～200 天。具有灌浆期长、大穗、多花、多实、耐瘠、耐旱、休眠期长等特性。

(5)华南冬(晚秋播)麦亚区　包括福建、广东和台湾 3 省和广西壮族自治区全部。全区气候温暖湿润,冬季无雪,最冷月平均气温 7.9℃～13.4℃,绝对最低气温－5.4℃～－0.5℃,小麦生育期降水量为 250～450 毫米。水热资源丰富,但降水的季节分配不均,苗期雨水较少,中期次之,灌浆期雨多日照少,湿度大,影响开花、灌浆和结实。成熟期多雨,穗发芽及病害发生严重。种植制度主要为一年三熟,部分地区为稻、麦两熟或两年三熟。小麦播种期在 11 月中下旬,成熟期为 3 月中下旬至 4 月上旬。全区可分为内陆山地丘陵和沿海平原两个副区。

生产上应选用春性品种,苗期对低温要求不严格,灌浆期较长,抗寒性和分蘖力较弱,籽粒较大,休眠期长,对光照反应迟钝,生育期 120 天左右。各个副区对小麦品种的要求也不相同,内陆山区应选用弱冬性品种,应具有分蘖力较弱、麦粒红皮、休眠期较长、不易在穗上发芽的特点。沿海平原副区水稻小麦轮作田应选用耐湿性好、抗病的早熟春性小麦品种。丘陵坡地要选用耐旱性强、抗风、不易落粒、抗病的春性早熟品种。

**3. 冬、春麦兼播主区** 本区位于冬、春分界线以西,包括新疆维吾尔自治区、西藏自治区全部,青海省大部和四川省、云南省和甘肃省部分地区。全区虽以高原为主体,但受境内山势阻断,江河分切,使局部地区地势地形差异较大,并导致温度、雨量等生态环境因素发生变化,影响冬、春小麦分布和生长发育。本区内有高山、盆地、平原和沙漠,地势复杂,气候多变,变异极大。本区又分两个亚区。

(1)新疆冬、春麦兼播亚区 本区包括新疆维吾尔自治区全部。为大陆性气候,昼夜温差大,日照充足,雨量稀少,气候干燥,主要靠冰山融化的雪水灌溉。北疆低温冻害、干旱、土壤盐渍化以及生育后期干热风危害等均是影响本区小麦产量的重要问题。全区又可分为南疆和北疆两个副区。

①南疆副区 该副区以冬小麦为主,最冷月平均气温 $-12.2℃ \sim -5.9℃$,绝对最低气温为 $-28℃ \sim -24.3℃$。9 月播种,第二年 7 月底至 8 月初收获,生育期 280 天左右。年降水量为 $107 \sim 190$ 毫米,小麦生育期间降水量为 $8 \sim 48$ 毫米。生产上应选用强冬性品种,此类品种对光照反应敏感,分

蘖力强,穗较长、小穗结实性好,耐寒、耐旱、耐瘠、耐盐性好。

②北疆副区 该副区以春小麦为主。最冷月平均气温−18℃～−11℃,绝对最低气温为−44℃～−33℃。4月上旬播种,8月上旬收获,生育期120～130天。年降水量为83～106毫米,小麦生育期间降水量为7～39毫米。生产上应选用春小麦品种,对光照反应敏感,具有耐寒、耐旱、耐瘠性和耐霜冻的特性。

(2)青藏冬、春麦兼播亚区 包括青海省祁连山以南、日月山以西,四川省的西北部阿坝、甘孜两自治州的大部,云南省迪庆藏族自治州的中甸、德钦两县和西藏自治区的全部。本麦区海拔最高,日照最长,气温日较差最大,小麦的生育期最长,千粒重也最高。全区又可分为环湖盆地副区、青南藏北副区和川藏高原副区。

①环湖盆地副区 该副区气候干燥、冷凉,盐碱和风沙危害较为严重,生产上应选用强春性品种,位于该副区的香日德农场等,曾创造过我国春小麦最高产量纪录。

②青南藏北副区 该副区气候寒冷、干燥、多风,种植小麦全靠灌溉。生育期间极少发生病虫害。土壤盐碱、大风和早霜对小麦生产常造成严重危害。生产上应选用强春性品种,具有耐春寒、灌浆期长、籽粒大、早熟高产的特点,生育期140～170天。

③川藏高原副区 该副区冬无严寒,夏无酷暑,冬、春干旱,夏、秋雨水集中,种植小麦也要靠灌溉,几乎周年地里生长小麦。冬小麦播期在9月下旬,春小麦播期在3月下旬至4月上旬,均在8月下旬至9月中旬收获,冬小麦全生育期320～350天。生产上,冬小麦应选用耐寒、抗锈病、早熟丰产的品种,春小麦应选用抗白秆病和锈病、品质好的中晚熟品种。

各麦区主要品种介绍见表2。

**表2 我国各麦区可选用的主要小麦品种**

| 品种名称 | 选育单位 | 特征特性 | 生育期适播期 | 产量表现（千克/公顷） | 适宜地区 |
|---|---|---|---|---|---|
| 豫麦70 | 河南省内乡县农业科学研究所 | 半冬性中筋 | 中熟 10月10～25日 | 8000～8500 | 黄淮冬麦区南片 |
| 豫麦34 | 河南省郑州市农业科学研究所 | 半冬性强筋 | 中熟 10月中旬 | 7000～8000 | 黄淮冬麦区高水肥地 |
| 郑麦9023 | 河南省农业科学院小麦研究所 | 春性强筋 | 中早熟 10月中旬～11月上旬 | 7000～8000 | 黄淮冬麦区南部，长江中下游麦区 |
| 新麦18 | 河南省新乡市农业科学研究所 | 半冬性中筋 | 中晚熟 10月上中旬 | 8500～9000 | 河南省、江苏省北部、安徽省北部和陕西省关中地区 |
| 郑麦004 | 河南省农业科学院小麦研究所 | 半冬性中筋偏粉 | 中熟 10月上旬至下旬 | 6700～7700 | 河南省、安徽省北部、江苏省北部及陕西省关中地区 |
| 郑农16 | 河南省郑州市农林科学研究所 | 弱春性强筋 | 中熟 10月15～30日 | 6200～6800 | 河南省、安徽省北部、江苏省北部及陕西省关中地区 |
| 周麦18 | 河南省周口市农业科学院 | 半冬性中筋 | 中熟 10月10～25日 | 7500～9000 | 河南省中北部、安徽省北部、江苏省北部、陕西省关中地区、山东省西北部 |
| 豫农949 | 河南农业大学 | 弱春性中筋 | 中熟 10月10～25日 | 7200～8300 | 河南省中北部、安徽省北部、江苏省北部、陕西省关中地区、山东省西南部 |

| 品种名称 | 选育单位 | 特征特性 | 生育期适播期 | 产量表现（千克/公顷） | 适宜地区 |
|---|---|---|---|---|---|
| 烟农 19 号 | 山东省烟台市农业科学研究院 | 冬性强筋 | 中熟 10 月上旬 | 7500～9000 | 山东、江苏、安徽等省中上等肥力地块 |
| 济麦 20 | 山东省农业科学院作物研究所 | 半冬性强筋 | 中晚熟 10 月上中旬 | 7500～9000 | 河北省中南部、山东省、河南省北部高中产水肥地 |
| 泰山 22 | 山东省泰安市农业科学研究院 | 半冬性中筋 | 中熟 10 月上旬 | 7500～9000 | 黄淮冬麦区北片的山东省、河北省中南部，河南省北部 |
| 烟农 21 号 | 山东省烟台市农业科学研究院 | 半冬性中筋 | 中晚熟 9 月下旬～10 月上旬 | 7000～8500 | 黄淮冬麦区的山西省东南部、山东省西南部、河南省西北部、陕西省渭北旱塬、河北省东南部、甘肃省天水地区旱地 |
| 中优 9507 | 中国农业科学院作物育种栽培研究所 | 冬性强筋 | 中熟 10 月上旬 | 5250～6000 | 北部冬麦区保定市以北的中等以上肥力、有灌溉条件的地区 |
| 京冬 8 号 | 北京市农林科学院作物研究所 | 半冬性强筋 | 中早熟 9 月下旬～10 月中旬 | 7000～9000 | 北京市、天津市、河北省保定以北、山西省晋中和晋东南等广大地区 |
| 石家庄 8 号 | 河北省石家庄市农业科学院 | 半冬性中筋 | 中熟 10 月上旬 | 7500～9000 | 黄淮冬麦区北部、新疆维吾尔自治区南部、河北省中部及黑龙港流域麦区 |

| 品种名称 | 选育单位 | 特征特性 | 生育期适播期 | 产量表现(千克/公顷) | 适宜地区 |
|---|---|---|---|---|---|
| 石新 733 | 河北省石家庄市小麦新品新技术研究所 | 半冬性中筋 | 中熟 10月上旬 | 7200～7800 | 冀中南中高肥力地块 |
| 衡 7228 | 河北省农林科学院旱作农业研究所 | 半冬性中筋偏粉 | 中晚熟 10月5～15日 | 7200～7700 | 黄淮冬麦区北片的河北省中南部、山东省中南部、山西省南部、河南省安阳和濮阳市 |
| 京冬 12 | 北京杂交小麦工程技术研究中心 | 冬性中筋 | 中熟 10月上旬 | 5800～6500 | 北部冬麦区的北京市、天津市、河北省北部、山西省北部等地的中上等肥力地 |
| 临优 145 | 山西省农业科学院小麦研究所 | 冬性强筋 | 中早熟 10月上旬 | 5200～6000 | 山西省南部中水肥地 |
| 长 4640 | 山西省农业科学院谷子研究所 | 冬性中筋偏粉 | 中早熟 9月上中旬 | 4400～5000 | 北部冬麦区的山西省中北部、陕西省北部及甘肃省平凉和庆阳地区等旱地 |
| 运旱 22-33 | 山西省农业科学院棉花研究所 | 弱冬性中筋 | 中早熟 10月上中旬 | 5000～5400 | 黄淮冬麦区的山西省、陕西省、河北省旱地和河南省旱薄地 |
| 秦农 142 | 陕西省宝鸡市农业科学研究所 | 弱春性中筋 | 中早熟 10月15～25日 | 6700～7800 | 黄淮冬麦区南片的河南省中北部、安徽省北部、江苏省北部、陕西省关中地区、山东省菏泽中高产水肥地 |

| 品种名称 | 选育单位 | 特征特性 | 生育期适播期 | 产量表现（千克/公顷） | 适宜地区 |
|---|---|---|---|---|---|
| 西农 979 | 西北农林科技大学 | 半冬性中筋 | 早熟 10 月上中旬 | 6800～8100 | 黄淮冬麦区南片的河南省中北部、安徽省北部、江苏省北部、陕西省关中地区、山东省菏泽中高产水肥地 |
| 皖麦 48 号 | 安徽农业大学 | 弱春性弱筋 | 中熟 10 月中下旬 | 7000～8000 | 黄淮冬麦区南片的河南省中南部、安徽省淮北、江苏省北部高中产水肥地 |
| 皖麦 52 号 | 安徽省宿州市农业科学研究所 | 半冬性中筋 | 中晚熟 10 月 10～25 日 | 7500～9000 | 黄淮冬麦区南片的河南省中北部、安徽省北部、江苏省北部、陕西省关中地区、山东省菏泽中高产水肥地 |
| 扬麦 15 | 江苏省里下河地区农业科学研究所 | 春性弱筋 | 中熟 10 月下旬～11 月初 | 4300～6200 | 长江中下游冬麦区的安徽省、江苏省淮南地区、河南省信阳地区及湖北省部分地区 |
| 连麦 2 号 | 江苏省连云港市农业科学院 | 半冬性中筋 | 中熟 10 月上中旬 | 7200～8200 | 黄淮冬麦区南片的河南省中部、安徽省北部、江苏省北部、陕西省关中地区、山东省菏泽地区 |
| 徐麦 29 | 江苏省徐州农业科学研究所 | 弱春性中筋 | 中熟 10 月 10～25 日 | 6800～7900 | 黄淮冬麦区南片的河南省中北部、安徽省北部、江苏省北部、陕西省关中地区、山东省菏泽地区 |

| 品种名称 | 选育单位 | 特征特性 | 生育期适播期 | 产量表现(千克/公顷) | 适宜地区 |
|---|---|---|---|---|---|
| 川农19 | 四川农业大学 | 春性中筋 | 中熟 11月上中旬 | 4500～5600 | 长江上游冬麦区的四川省、重庆市、贵州省、云南省、陕西省南部 |
| 川麦39 | 四川省农业科学院作物研究所 | 春性中强筋 | 中熟 10月下旬～11月上旬 | 4500～5400 | 长江上游冬麦区的四川省、重庆市、贵州省、云南省、陕西省南部、河南省南阳、湖北省北部 |
| 川麦42 | 四川省农业科学院作物研究所 | 春性弱筋 | 中早熟 10月下旬～11月上旬 | 4200～6000 | 长江上游冬麦区的四川省、重庆市、贵州省、云南省、陕西省南部、河南省南阳、湖北省西北部 |
| 鄂麦15 | 湖北省襄樊市农业科学研究所 | 春性中筋 | 中熟 10月中下旬 | 4200～6000 | 湖北省北部麦区 |
| 辽春17号 | 辽宁省农业科学院作物研究所 | 春性强筋 | 早熟 4月上旬 | 4200～4600 | 东北春麦区的辽宁省、吉林省南部和西北部、内蒙古自治区赤峰市和通辽市、河北省张家口市旱肥地 |
| 四春1号 | 吉林省四平市硬红春麦研究所 | 春性强筋 | 晚熟 4月上中旬 | 3200～4000 | 东北春麦区的黑龙江省西北部和内蒙古自治区呼伦贝尔盟等地中等以上肥力地 |

| 品种名称 | 选育单位 | 特征特性 | 生育期适播期 | 产量表现（千克/公顷） | 适宜地区 |
|---|---|---|---|---|---|
| 龙辐麦 14 | 黑龙江省农业科学院作物育种研究所 | 春性中筋 | 晚 熟<br>4月上中旬 | 3500～4400 | 东北春麦区的黑龙江省中北部和内蒙古自治区东四盟中等肥力地 |
| 宁春 33 | 宁夏回族自治区永宁县小麦育种繁殖所 | 春性强筋 | 中 熟<br>2月下旬～<br>3月中旬 | 6000～8000 | 宁夏回族自治区灌区中下至中上肥力地块及宁南山区水浇地 |
| 巴优 1 号 | 内蒙古自治区巴彦淖尔盟农业科学研究所 | 春性中筋 | 中 熟<br>3月中旬 | 5600～6600 | 西北春麦区的内蒙古自治区的河套灌区、土默川平原,宁夏黄灌区,新疆维吾尔自治区的伊犁、昌吉地区 |
| 高原 314 | 中国科学院西北高原生物研究所 | 春性中筋 | 中早熟<br>3月上旬～<br>4月上旬 | 6750～9000 | 青海省东部以及甘肃省河西地区、宁夏回族自治区的西海固地区等海拔较高的地区 |
| 新冬 22 | 新疆生产建设兵团农七师农业科学研究所 | 冬性中筋 | 早 熟<br>9月15～25日 | 6300～8400 | 新疆维吾尔自治区的北疆大部分地区 |
| 新春 12 | 新疆维吾尔自治区农业科学院 | 春性中筋 | 早 熟<br>3月下旬～<br>4月上旬 | 5200～6700 | 新疆维吾尔自治区的北疆春麦区 |

| 品种名称 | 选育单位 | 特征特性 | 生育期适播期 | 产量表现(千克/公顷) | 适宜地区 |
|---|---|---|---|---|---|
| 新春21号 | 新疆生产建设兵团农五师农业科学研究所 | 春性强筋 | 中早熟3月中下旬 | 6420～7000 | 新疆维吾尔族自治区的北疆春麦区 |
| 甘春20号 | 甘肃农业大学 | 春性强筋 | 早熟3月中下旬 | 6500～7000 | 甘肃省河西和中部等地区 |
| 高原205 | 中国科学院西北高原生物研究所 | 弱春性强筋 | 中熟3月中旬 | 6900～8500 | 青海省川水地区、柴达木盆地及甘肃省中部地区 |
| 永良15号 | 宁夏回族自治区永宁县小麦研究所 | 春性中筋 | 中熟2月下旬～3月中旬 | 7800～9000 | 宁夏、内蒙古、甘肃、新疆等省、自治区有灌溉条件的高肥力春麦地区 |
| 藏春667 | 西藏自治区农牧科学研究院农业研究所 | 春性弱筋 | 中熟3月下旬～4月初 | 4500～5500 | 川藏高原高海拔、高水肥地 |
| 藏冬20号 | 西藏自治区农牧科学研究院农业研究所 | 强冬性中筋 | 晚熟10月上中旬 | 6000～7500 | 川藏高原冬麦区 |

# 二、专用型小麦标准化生产的品种选用

随着我国食品工业迅速发展,人民生活水平不断提高,饮食习惯逐步从传统向现代、科学的方向发展,因而以小麦面粉为原料的各种优质高档、食用方便的保健食品、营养食品、精制食品如面包、蛋糕、饼干、方便面等食品的需求量不断快速增长,国内粮食和食品加工企业对优质专用小麦原料的需求十分迫切,从而促进了优质专用小麦生产的快速发展。

## (一)专用小麦的类型

根据小麦籽粒的营养和食品加工品质,专用小麦品种可分为强筋小麦、中筋小麦和弱筋小麦。

**1. 强筋小麦** 籽粒角质率大于70%,籽粒硬度大,蛋白质含量高,面筋质量好,吸水率高,具有很好的面团流变特性,即面团的稳定特性较好,弱化度较低,评价值较高,面团拉伸阻力大,弹性较好,适于生产面包粉及搭配生产其他专用粉的小麦。目前生产上应用的主要强筋小麦品种有高优503、藁麦8901、豫麦34、郑麦9023、济麦20、小偃54、陕优225和皖麦38等。

**2. 中筋小麦** 籽粒硬度中等,籽粒结构属半角质率,也包括全角质率小麦(硬度中等),蛋白质含量中等,面筋含量在28%～32%或更高一些,面筋质量也应比较高。反映在面团流变学特性方面,吸水率应大于57%,稳定时间应在3.5分钟以上,弱化度最好不超过100 B.U.,最大拉伸阻力400 B.U.左右,不低于300B.U.,延伸性与水煮性能好。适于制作中国传统面食,如面条、馒头、饺子等。馒头体积大(或比容大),外形挺立,内部结构和口感较佳。中筋小麦是中国居民需要量最多的品种类型,目前生产上应用的品种较多,有豫麦49、周麦12、新麦18、周麦16、周麦18、豫麦70、烟农19、皖麦52、扬麦158、绵阳26、偃展4110等。

**3. 弱筋小麦** 籽粒结构为粉质,角质率小于30%,质地松软,硬度较低,蛋白质和面筋含量低,面团形成时间、稳定时间短,软化度高,粉质参数评价值低。该类品种适合作为饼干、糕点等食品的原料。但不同地区对这类食品质量的要求不同,并带有较多的习惯性和主观性。目前生产上应用的品种较少,主要有宁麦 9 号、皖麦 48、豫麦 50、郑麦 004 等。

### (二)我国专用小麦的种植区划及品种选择

我国小麦种植地域广阔,小麦品质因品种特性及其气候、土壤、耕作制度、栽培措施等环境条件的不同存在很大的差异。专用小麦种植区划的目的就是依据生态环境条件和品种的品质表现将专用小麦生产划分为若干个不同的适宜生态区域,实现小麦的优质高效生产。目前,我国专用小麦生产划分为三大品质区域和十个亚区。

**1. 北方强筋、中筋白粒冬麦区** 包括北部冬麦区和黄淮冬麦区,主要地区有北京市、天津市、山东省、河北省、河南省、山西等省、直辖市的全部和陕西省大部,甘肃省东部和苏北、皖北。本区重点发展白粒强筋和中筋的冬性、半冬性小麦,主要改进磨粉品质和面包、面条、馒头等食品的加工品质;在南部沿河平原潮土区中的沿河冲积沙质至轻壤土,也可发展白粒软质小麦。该区根据生态条件又可分为三个亚区。

(1)华北北部强筋麦亚区 主要包括北京市、天津市和冀东、冀中地区,年降水量 400～600 毫米,多为褐土及褐土化潮土,质地沙壤至中壤,肥力较高,品质较好,主要发展强筋小麦,也可发展中强筋面包、面条兼用小麦。如高优 503、京9428、石家庄 8 号等。

(2)黄淮北部强筋、中筋麦亚区 主要包括河北省中南部,河南省黄河以北地区和山东省西北部、中部及胶东地区,还有山西省中南部,陕西省关中和甘肃省天水、平凉等地区。年降水量 500～800 毫米,土壤以潮土、褐土和黄绵土为主,质地沙壤或黏壤。土层深厚、肥力较高的地区适宜发展强筋小麦,其他地区发展中筋小麦。山东省胶东丘陵地区多数土层深厚,肥力较高,春、夏气温较低,湿度较大,灌浆期长,小麦产量高,但蛋白质含量较低,宜发展中筋小麦。如济麦20、藁优9409等。

(3)黄淮南部中筋麦亚区　主要包括河南省中部、山东省南部、江苏省和安徽省北部等地区,是黄淮麦区与南方冬麦区的过渡地带。年降水量600～900毫米,土壤以潮土为主,肥力不高,以发展中筋小麦为主;肥力较高的砂姜黑土及褐土地区也可种植强筋小麦;沿河冲积地带和黄河故道沙土至轻壤潮土区域可发展白粒弱筋小麦。如豫麦49、郑麦9023、偃展4110等。

**2. 南方中筋、弱筋红粒冬麦区**　包括长江中下游和西南秋播麦区。因湿度较大,成熟前后常有阴雨,以种植较抗穗发芽的红皮麦为主,蛋白质含量低于北方冬麦区,较适合发展红粒弱筋小麦。鉴于当地小麦消费以面条和馒头为主,在适度发展弱筋小麦的同时,还应大面积种植中筋小麦。南方冬麦区的中筋小麦其磨粉品质和面条、馒头加工品质与北方冬麦区有一定差距,但通过遗传改良和栽培措施提高现有小麦的加工品质是可能的。该区根据生态条件又可分为三个亚区。

(1)长江中下游亚区　包括江苏、安徽两省淮河以南,湖北省大部及河南省的南部。年降水量800～1 400毫米,小麦灌浆期间雨量偏多,湿害较重,穗发芽时有发生。土壤多为水稻土和黄棕土,质地以黏壤土为主。本区大部分地区发展中筋小麦,沿江及沿海沙土地区可发展弱筋小麦。如鄂麦18、华麦12、鄂麦16等。

(2)四川盆地亚区　大体可分为盆西平原和丘陵山地麦

区,年降水量约 1 100 毫米,湿度较大,光照严重不足,昼夜温差小。土壤多为紫色土和黄壤土,紫色土以沙质壤土为主,黄壤土质地黏重、有机质含量低。盆西平原区土壤肥力较高,单产水平高;丘陵山地区土层薄,肥力低,肥料投入不足,产量水平较低。主要发展中筋小麦,部分地区发展弱筋小麦。现有品种多为白粒,穗发芽较重,经常影响小麦的加工品质,应加强选育抗穗发芽的白粒品种,并适当发展一些红粒中筋麦。如川育 14、川农 17、川麦 42 等。

(3)云贵高原亚区 包括四川省西南部,贵州全省及云南省的大部分地区。海拔相对较高,年降水量 800～1 000 毫米,湿度大,光照严重不足,土层薄,肥力差,小麦生产以旱地为主,蛋白质含量通常较低。在肥力较高的地方可发展红粒中筋小麦,其他地区发展红粒弱筋小麦。如贵农 12、德麦 4 号等。

**3. 中筋、强筋红粒春麦区** 主要包括黑龙江省、辽宁省、吉林省、内蒙古自治区、宁夏回族自治区、甘肃省、青海省、西藏自治区和新疆维吾尔自治区种植春小麦的地区。除河西走廊和新疆维吾尔自治区可发展白粒、强筋的面包小麦和中筋小麦外,其他地区收获前后降水较多,穗易发芽影响小麦品质,以黑龙江省最为严重,宜发展红粒中强筋春小麦。根据该区生态条件又可分为 4 个亚区。

(1)东北强筋、中筋红粒春麦亚区 包括黑龙江省北部、东部和内蒙古大兴安岭地区。这一地区光照时间长,昼夜温差大,土壤较肥沃,全部为旱作农业区,有利于蛋白质的积累。年降水量 450～600 毫米,生育后期和收获期降水多,极易造成穗发芽和赤霉病等病害发生,严重影响小麦品质。适宜发展红粒强筋或中筋小麦。如龙麦 26 号、龙辐麦 13 号、东农

125 等。

(2) 北部中筋、红粒春麦亚区　主要包括内蒙古自治区东部、辽河平原、吉林省西北部,还包括河北、山西、陕西各省的春麦区。除河套平原和川滩地外,主体为旱作农业区,年降水量 250～400 毫米,但收获前后可能遇雨,土地瘠薄,管理粗放、投入少,适宜发展红粒中筋小麦。如赤麦 5 号、辽春 13、巴丰 1 号等。

(3) 西北强筋、中筋春麦亚区　主要包括甘肃省中西部、宁夏回族自治区全部以及新疆麦区。河西走廊区干旱少雨,年降水量 50～250 毫米,日照充足,昼夜温差大,收获期降水频率低,灌溉条件好,生产水平高,适宜发展白粒强筋小麦。新疆维吾尔自治区冬春麦兼播区,光照齐足,降水量少(150毫米左右),昼夜温差大,适宜发展白粒强筋小麦。如新春21。但各地区肥力差异较大,由于运输困难,小麦的商品率偏低,在肥力高的地区可发展强筋小麦,其他地区发展中筋小麦。银宁灌区土地肥沃,年降水量 350～450 毫米,生产水平和集约化程度高,但生育后期高温和降水对品质形成不利,宜发展红粒中强筋小麦。甘肃省陇中和宁夏西海地区土地贫瘠,少雨干旱,产量低,粮食商品率低,以农民食用为主,应发展白粒中筋小麦。如永宁 15 号。

(4) 青藏高原春麦亚区　主要包括青海省和西藏自治区的春麦区。这一地区海拔高,光照充足,昼夜温差大,空气湿度小,土壤肥力低,灌浆期长,产量较高,蛋白质含量较其他地区低 2%～3%,适宜发展红粒软质小麦。如藏春 667。但由西藏自治区的拉萨、日喀则地区生产的小麦粉制作的馒头适口性差,亟待改良。

麦区不同品质的品种也可以根据表 2 中各区品种的品质

特性选择利用。

# 三、小麦标准化生产中品种的合理利用

## (一)小麦标准化生产中品种合理利用的原则

**1. 品种合理布局**　小麦品种合理布局是指在一个较大的地区范围内,根据土、肥、水、温等环境条件和品种特性,合理安排和配置小麦优良品种,使生态条件得到充分地利用,使品种的增产潜力充分发挥出来,达到在大范围内稳定增产的目的。由于我国各麦区气候生态、生产栽培条件差异大,不同小麦品种适应不同的自然、栽培条件和耕作制度,必须在适应其生长发育地区种植。不同生态区都需要布局与其相适应的品种。如在华北平原,应选用抗寒力强的品种;在黄淮南片麦区应选用耐冬寒、抗春霜冻、抗干热风,抗条锈病、叶锈病、白粉病、叶枯病、纹枯病的半冬性和弱春性品种。

**2. 品种合理搭配**　品种合理搭配是指在品种区域化布局的基础上,在一个较小的地区范围内,为适应不同年份的气候条件和生态条件,既避免品种"单一化",提高稳产性,又避免品种"多、乱、杂",需要选用若干个适应不同环境条件的品种,因地制宜地合理搭配,做到地尽其力、种尽其能,达到不同地区、不同地块都增产的目的。如在高水肥地,应选用抗病、抗倒伏、高产潜力大的品种;在旱薄地,应选用抗旱、耐瘠薄的品种。品种搭配应有主有次。如根据河南省自然生态条件,从常年稳定增产的角度考虑,应以半冬性小麦品种为主导,并适当搭配弱春性小麦品种。又如在一家一户种地的情况下,一个自然村以选用1~2个当家品种,2~3个搭配品种为宜。

**3. 良种良法配套**　良种良法配套是指在选用优良品种的基础上，还要因种施管，看苗促控，应用科学的栽培技术，使良种的优点得到充分发挥，缺点得到克服或弥补，把不利因素的影响降到最低，最大限度地发挥良种的增产作用。在小麦种子生产和推广工作中，必须做到良种良法一齐推。如在水肥条件较差的麦田，宜选用分蘖力强、繁茂性好、耐旱、耐瘠、省水肥的品种；在高水肥田，宜选用茎秆弹性好、抗倒伏、抗病、耐水肥、高产潜力大的品种。同时对不同的品种配套不同的栽培技术体系，如株型松散的宽叶型品种，播量宜小些；叶片窄小上举、株型紧凑的品种，耐密性较好，播量宜大些。

**4. 品种及时更换**　品种更换是指用新育成或引进的优良品种替换生产上大面积种植的老品种的措施。在生产上，一方面随着小麦品种推广应用，品种一般都会因混杂或变异发生种性退化；另一方面社会对小麦生产的高产、优质、高效和粮食安全等方面的要求越来越高，为解决这些问题就必须进行品种更换。品种更换周期一般为3～5年，每更换一次都会使单产提高10％以上。

**5. 种子不断更新**　种子更新是指用提纯复壮或选优保纯的原种，替换生产上种植的混杂退化的相同品种的种子。种子更新有利于保证和提高小麦新品种的种子质量，也是防止小麦品种混杂退化、延长品种使用年限的重要措施。小麦种子质量的优劣直接影响到大田生产的丰歉，在同等栽培条件下，小麦原种一般比良种增产5％左右。品种更新有利于充分发挥小麦新品种的增产增益作用，加快新品种的推广速度，扩大新品种所带来的社会效益和经济效益。因此，必须建立科学的良种繁育制度，有计划地进行提纯复壮或选优保纯工作，保证大田用种良种化或原种化。

## (二)小麦标准化生产的引种原则与方法

### 1. 科学引种的原则

(1)根据当地的生态条件和生产上对品种性状的要求进行引种　要求品种的原产地与当地的气候相似,其基本要点是两地区之间在影响作物生产的主要气候因素(如温度、光照、降水等)应当相似,以保证作物品种互相引用的成功,如在同一个小麦生态区内进行引种。在生产上对小麦品种的要求还受到种植制度、灾害性天气等的制约。如长江中下游冬麦区,复种指数高,麦收前后的雨水多,赤霉病经常流行。因此,要求引进的品种应耐迟播,耐湿性好,早熟,抗赤霉病,种子休眠期长。又如北部冬麦区,要求小麦品种抗条锈病、耐寒、耐旱;再如东北春麦区,小麦生育期短,要求小麦品种早熟,抗秆锈病,前期耐旱、后期耐湿,抗穗发芽。

(2)遵循不同麦区间相互引种的一般规律　自南向北短距离引种,从光温条件看,只要能安全越冬,就有成功的可能,但是有生育期缩短、植株变矮、产量下降的现象。如果是长距离由南向北引种,常常因不能安全越冬而失败。自北向南较远距离的地区间引种,如华北、黄土高原的品种向南引种,由于温度、光照条件不能满足,发育延缓,甚至不能抽穗结实。在纬度相近、海拔高度相似的地区引种,成功的把握大。如河南省南部、江苏省南部、浙江省、安徽省南部、湖北省等地区之间;山东省中南部、陕西省中部、河南省中北部、江苏省和安徽省的淮北等地区之间,其引种一般都能适应。如果海拔高度不同,就要考虑海拔高度对温度的影响。一般同纬度的高海拔地区与平原地区之间的相互引种不易成功,而纬度偏低的高海拔地区与纬度偏高的平原地区的相互引种成功的可能性较大,如北京地区的冬小麦品种引种到陕西省北部往往能良好适应。此外,在一定的地区范围内,由于生产条件、耕作栽培制度的改变,品种的类型也会相应地发生变化,这在引种时要予以注意。

(3)掌握从国外引种的一般规律　我国幅员辽阔,地形复杂,土壤类型多种多样,可为国外小麦品种引入我国提供相应的生态条件。我国现代小麦的国外引种开始于20世纪20年代,至今生产上直接推广利用的国外品种近百个。生产实践表明,意大利小麦品种很适宜在我国长江流域利用,有些品种也适应黄淮冬麦区和西北春麦区。美国的春小麦品种适宜在我国的东北和西北春麦区种植,冬小麦较早熟品种适合在华北地区种植。前苏联小麦品种主要在新疆维吾尔自治区、甘肃省等地生产上直接利用。墨西哥小麦适应性广,对光周期反应不敏感,而且抗锈病能力强,但是生育后期易感染赤霉病,易早衰,所以适合在西北春麦区、新疆维吾尔自治区的冬春麦区种植。智利品种欧柔曾在华南冬麦区、北方春麦区大面积种植,并且在多个省、自治区和直辖市用做杂交亲本,选育新品种。

(4)进行品种适应性试验　品种的适应性包括一般适应性和特殊适应性。一些品种一般适应性良好,能适应广阔地区的生态条件,而不一定能适应特殊的地区条件;有些品种的特殊适应性较强,而不能适应其他地区的生态条件。所以,每引进一个新品种,必须参加一定范围的区域性试验和小面积的试种,以确定其适应性和稳产性。一般讲,通过异地穿梭育种或南繁北育方法而育成的品种,有较好的一般适应性。在引种时,还应注意不同地区小麦锈病、白粉病病菌生理小种的分布及品种的抗病性,这也是考虑品种适应性的重要内容。

## 2. 引种的方法及注意事项

(1)品种材料的收集与试种 首先要掌握计划引进品种的相关信息,如系谱、选育过程、生态型、对光温反应特性及在原产地的表现。把原产地的自然条件、耕作制度、生产水平和本地区的生态、生产条件进行比较分析,以此说明该品种有满足本地区生产发展需要的可能性。其次是少量引种,在小面积上进行试种观察。引种时一定要通过检疫程序,以免把本地区没有的病虫害和杂草引进。目前,我国小麦的主要检疫对象是矮腥黑穗病、印度腥黑穗病、黑森瘿蚊和毒麦等。如果从国外引种,必须在全国统一规划管理的前提下,经过申报、检疫、登记、统一译名和隔离检疫试种,确定无检疫对象后,才可分发到相应地区小面积试种。在试种时,要以当地良种作为对照,在生育期间进行系统地对比观察和记载,了解其对当地条件的适应能力。再次是参加产量比较试验,包括品种比较试验、区域试验或多点试种,对其适应性、产量潜力、抗病性和品质做出全面评估,证明该品种比当地良种高产、稳产、优质、高效,适宜种植后,方可加速繁育良种或大批量调种。

(2)进行栽培试验 根据品种特点进行栽培试验,是保证引种成功的重要措施。良种都有其最佳栽培技术,在此栽培技术下才能发挥其增产潜力。因此,可与产量比较试验同时交叉进行栽培试验,以缩短引进品种的试种阶段,加速引进良种的产业化进程。

(3)加速繁育和大批量调种 新品种种子的加速繁育可采用就地稀播繁殖、异季加代繁殖或异地加代繁殖。异地繁殖时,要注意异地的病虫害类型,以免发生交叉感染。种子繁殖采用由育种家种子繁殖原原种,由原原种繁殖原种,再由原种繁殖良种,在繁殖过程中采取严格的防杂保纯措施,有利于保证大田小麦生产用种的质量。

大批量异地调种,一定要遵守有关法规,种子生产和经营单位必须提供品种审定批准文号、农作物种子生产经营许可证、种子质量合格证以及植物检疫证书或产地检疫合格证、品种标签。根据《中华人民共和国经济合同法》、《中华人民共和国种子法》及有关规定,为明确双方的权利和义务应按《农作物种子购销合同》格式签订购销合同。

# 第三章 小麦标准化生产对产地环境的质量要求

产地环境是构成小麦生态系统的重要组成部分,外界环境通过与小麦不断地进行物质与能量的交换,直接影响着小麦的产量和质量。因此,选择适宜的产地环境是开展小麦标准化生产的重要前提条件。小麦标准化生产要求产地环境必须有利于小麦的高产、优质和高效生产。产地环境主要包括优良的土壤条件、水质条件、空气质量和适宜的茬口等方面。

## 一、小麦标准化生产对产地土壤的要求

土壤是小麦标准化生产的基础,除碳素营养主要通过光合作用获得外,小麦生长发育所需的营养物质都需要通过土壤供应,根系发育状况也与土壤结构、质地和土壤肥力有直接的关系。因此,土壤的肥力状况、结构和质地等都对小麦的标准化生产有重要影响。

### (一)小麦标准化生产对土壤肥力的要求

肥力是土壤的基本属性特征,是土壤物理、化学和生物等性质的综合反映。土壤肥力主要包括土壤有机质、土壤养分和土壤物理、化学及生物性质等。土壤肥力反映了土壤在营养和环境条件方面,供应和协调作物生长的能力。

**1. 小麦标准化生产对土壤肥力的要求** 有机质是衡量土壤肥力水平的一个重要指标,它不仅能够稳定而长效地供

分利用有机肥资源,使每公顷优质有机肥用量达到 45 000 千克左右,以保证小麦生产的土壤肥力要求。

(2)有机与无机肥配合使用　为了保持土壤肥力的稳定提高,保持有机肥与无机肥的配合使用是我国施肥的基本原则。诸多研究表明,单纯施用化肥在某些情况下也可维持土壤有机质含量不至于下降,但在有效提高土壤有机质方面却并不理想,尤其在高产土壤上常常引起有机质含量的降低。国内外 50 年以上的肥料定位试验证明,氮、磷、钾化肥配合施用与单施有机肥相比,作物产量和品质(主要是谷物的蛋白质和维生素含量)相当。但施用单一养分的化肥,产量却显著低于有机肥。当有机肥料施入土壤后,土壤微生物即与其中的有机物质发生作用,微生物对有机物质的分解受碳氮比的影响。当碳氮比小于 25:1 时,有机物分解迅速;反之当碳氮比大于 25:1 时,有机物分解缓慢。

(3)推广秸秆还田技术,提高作物秸秆返田率　作物秸秆是一种数量多、来源广、可就地利用的优质肥源。我国每年约生产 6 亿吨的秸秆,河南省作为农业大省,每年秸秆产生量达4 500 万吨。在农家肥用量不足的情况下,秸秆还田是缓解当前有机肥资源和钾肥资源不足的一项有效措施。但由于秸秆后处理技术不到位,大量秸秆不能发挥应有的潜力。秸秆还田的模式不同导致秸秆还田的效果有差异,秸秆还田的效果主要受到秸秆还田的数量、粉碎程度、覆盖量和覆盖时间、翻压质量、土壤水分含量和秸秆翻埋深度等因素的影响。土壤条件不同,相同的模式也会产生不同的结果。

近年来秸秆直接还田量剧增。小麦和玉米秸秆含碳量达56%,若两季秸秆同时还田,每年每公顷相当于投入了7 500千克的碳。由于秸秆碳氮比比较高,在分解过程中存在微生物与作物竞争养分特别是争氮的问题,势必对作物生长和土壤养分平衡产生影响。而对旱作区,受水分条件的限制,秸秆分解缓慢,在此过程中所积累的有机酸对作物生长不利。就当前整体情况看,因技术、机械和受劳动力等因素的制约,秸秆还田率仍很低。因此,根据各地实际条件的差异,探讨适应当地情况的秸秆还田模式及其与无机肥的配合是必要的。如河南省年生产的 4 500 万吨秸秆可提供相当于 47 万吨的尿素、29 万吨的磷肥和 5.7 万吨的钾肥,若能充分利用,将减少化肥投入费用 10 多亿元。

(4)实施根茬覆盖和保护性耕作 根茬覆盖的长期效果与残茬和秸秆还田有相同的作用。但根茬覆盖的直接目的是为了减少土壤水分蒸发。根茬覆盖物在下茬作物生长期间覆盖在地表,可有效降低大气与土壤水、热的交换。对根茬覆盖的研究非常重视的是留茬的高度,它关系到残留物数量的多少。保护性耕作在一定程度上具有改善土壤物理特性,增加土壤团粒性、提高土壤含水量等作用。因而,保护性耕作技术具有使土壤结构好、耗能少、增加土壤有机质和维持土壤生态良性循环等优点。

## (二)小麦标准化生产对土壤环境的要求

小麦标准化生产要求具备无污染的土壤环境,一般造成土壤污染的主要因素有化学污染和生物污染等。在实际生产中,过量使用化肥、农药及其他不适当的化学产品的投入是造成土壤环境恶化的主要原因。

**1. 土壤环境的主要污染源** 依据土壤污染源和污染物的特点,土壤污染可以分为水污染型、大气污染型、固体废弃物污染型和农业污染型四类。水污染型指工业废水及城市生活污水通过灌溉途径进入农田土壤的污染;大气污染指从污染的大气中,氟等大气污染物沉降到农田土壤中的污染类型;固体废弃物的污染主要包括地面堆积的采矿废石、工业废渣等经大气扩散或雨水淋溶等途径将其中有害物质带入农田土壤的污染;随着现代农业的飞速发展,由于大量化肥及农药投入而引起的土壤污染已成为土壤污染的主要来源。

**2. 土壤污染物及其危害** 土壤污染物主要包括:重金属、酸、碱、盐等有机污染物质,杀虫剂、除草剂、过量施用的化学肥料等农业污染物,污泥、矿渣、工业废弃物质等工业污染物,寄生虫、病原菌、病毒等生物污染物以及放射性同位素等。这些污染物质在土壤中的存在都将影响到小麦的产量和品质。

在小麦生产上,由于有机肥的投入不足和产量的提高,导致化学肥料的使用量逐年增加,土壤有机质含量减少、板结加重、生物活性降低,化肥利用率降低(一般只有 30% 左右,而 70% 的化肥进入了农田生态环境)。氮肥和磷肥的过度使用是造成土壤环境恶化的主要因素。氨水、碳酸氢铵、尿素等氮肥过度施用后,土壤中会残存大量游离的 $NH_3$(氨分子),严重影响到小麦种子的生根、发芽和出苗,同时还会影响到植株对钾肥的吸收和利用。$NH_3$ 对小麦的毒害主要表现为:麦苗根系的黏性物质分泌增加,根呈褐黄色,根毛和根量减少,新根生长受到抑制;严重时会导致老根发黑、坏死,叶片凋萎软弱、色泽暗绿甚至焦枯。研究表明,当土壤中氨的浓度高于 2.55 毫升/千克时,小麦的种子和幼苗即开始受到伤害,而且 $NH_3$ 的毒害作用受土壤的 pH 值和 $NH_4^+$ 活度的调节,即当土壤中的 pH 值较高时更容易受到 $NH_3$ 的毒害,当 pH 值较低时多数植物能够耐受高量的氨态氮。防止氮肥施用造成毒害的措施包括改进施肥方法、施肥时间和施肥数量等。比如，氮肥采用深施、侧施、与泥炭或风化煤混施后可以有效降低$NH_3$的毒害作用；而且要避免在小麦对肥料吸收能力较弱的苗期或在低温、光照不足等不良气候条件下施肥，因为这时$NH_3$的毒害作用表现得更为明显。

盲目使用氮肥，不仅会对小麦造成伤害，降低肥效；而且会对土壤环境造成污染，甚至影响到人类的健康。特别是因过量使用氮肥造成大量的硝酸盐和其他的有害化学成分进入了土壤—作物（或水）—人类的食物链，直接威胁到人类的健康。世界各地和我国已发现地下水较普遍受到三氮（$NH_3$-N、$NO_2$-N、$NO_3$-N）的污染。环境水体$NH_3$-N含量过高（$NH_3$-N最大允许标准为0.5毫克/升）可能造成鱼类的中毒死亡；水中硝酸盐的污染，容易形成亚硝铵，从而引起潜在性致癌突变原（水中$NO_3$-N最大允许标准为10毫克/升）。因此，制定合理的施肥措施，控制氮肥的施用量，改进施肥的方法，以及研制新型的缓效和长效型肥料，有条件地通过施用硝化抑制剂等，可以有效减少土壤中氮的损失，避免因大量施用氮肥造成的环境污染和对人、畜的伤害。

其他化学污染物、城市垃圾和生物污染物进入农田土壤后，也将严重影响到小麦的标准化生产。比如，铜、镍、钴、锰、锌、硼等元素在土壤中富集后可直接导致小麦减产。当土壤中的锌含量达到200毫克/千克时，小麦的生长发育就会受到影响；当土壤铜含量达到200毫克/千克时，小麦就会枯死。土壤中镉、汞、铅等重金属的污染将导致农产品中富集这些有害物质，直接伤害到食用者的健康。大型畜禽加工厂、造纸厂和制革厂的废水中含有大量的化学污染物质，进入小麦种植基地后往往会导致有毒物质积累和重金属超标。另外，用于小麦标准化生产的农田必须远离城市垃圾的污染,主要包括碎玻璃、旧金属片、塑料袋、煤渣等生活垃圾以及医疗废弃物等。这些污染物会造成土壤渣砾化,降低土壤的保水、保肥能力,甚至导致土壤水分运动受阻,作物根系生长不良等,严重影响到小麦的标准化生产。

**3. 小麦标准化生产的土壤环境标准** 对土壤中污染物的残留标准主要为:重金属(铜、锌、铅、镉、铬、镍)、有害物(汞、砷)含量和农药残留量符合国家规定的标准(表3),无规定标准的土壤中元素指标应位于背景值正常区域,评价采用《土壤环境质量标准》(GBI 5618—1995)。小麦标准化生产农田的周围应没有金属或非金属矿山,并且没有农药残留污染等。

表3 小麦标准化生产的产地土壤污染物标准 (毫克/千克)

| 项 目 | 限 值 | | |
|---|---|---|---|
| | pH 值<6.5 | pH 值 6.5~7.5 | pH 值>7.5 |
| 总镉≤ | 0.30 | 0.30 | 0.60 |
| 总汞≤ | 0.30 | 0.50 | 1.0 |
| 总砷≤ | 40 | 30 | 25 |
| 总铅≤ | 250 | 300 | 350 |
| 总铬≤ | 150 | 200 | 250 |
| 总铜≤ | 50 | 100 | 100 |
| 总锌≤ | 200 | 250 | 300 |

注:1. 以上项目均按元素计量,适用于阳离子交换量>5 厘摩尔(+)/千克的土壤,若≤5 厘摩尔(+)/千克,其标准值为表内数值的平均数;

2. 来源于农业部发布的标准 NY/T851—2004

# 二、小麦标准化生产对产地水质
## 和空气质量的要求

农业生产离不开水和空气,产地水质及空气质量的好坏对小麦生产会产生直接的影响。因此,小麦标准化生产要求有无污染的良好水质和空气环境。

### (一)小麦标准化生产对产地水质的要求

**1. 水质污染源** 水质的污染包括自然污染和人为污染两大类。自然污染指自然条件下某些河流的上游流淌着含有当地自然条件下溶解的某些有害元素(如氯、铜、氟等)的水,这种污染的水也是不适合于农田灌溉使用的。由于人类的活动造成的水质人为污染又包括工业污染、生活污染和农业污染等。工业污染是人为污染中最为严重的污染源,其污染量大,污染成分复杂,且不易净化;随着城市人口的增加,城市生活污水也成为污染水质的重要方面,城市生活污水中含有大量的洗涤剂、病原菌等有害微生物以及经过复杂反应生成的硫化氢及硫醇等有害物质;随着现代农业生产中化肥、农药及化学除草剂使用量的增加,农业污染也成为水质污染的重要方面。近年来,磷肥的施用量在逐年增加,这已经给农田生长环境带来了很大的负面影响。土壤中磷肥淋溶损失量虽然较氮肥低很多,但是磷肥对环境的污染比氮肥更敏感。对封闭性湖泊和水库而言,造成水体环境恶化的含氮标准为 $>0.2$ 毫克/千克,而 $PO_4^{3-}$ 的标准为 $0.015$ 毫克/千克,所以过量使用磷肥仍是造成水体营养化污染的重要因素之一。特别是用于生产磷肥的磷矿石中含有镉、铅、氟等有害元素,大量施用磷肥必然增加土壤中这些有害元素的积累。

**2. 水质污染物及其危害**

(1)需氧污染物　生活污水和某些工业废水中常有碳水化合物、蛋白质、脂肪和木质素等有机化合物,这些有机物在微生物的作用下最终分解为简单的无机物质,由于分解过程中需要消耗大量的氧,故称之为需氧污染物。这类污染物是水质污染中最常见的一类污染物质,这类被污染的水溶解氧的浓度极低,所以会影响作物的生长发育。

(2)重金属污染物　水质污染的重金属成分主要来源于采矿和冶炼工业,包括汞、镉、铅、铬、砷等生物严重毒性元素和锌、铜、钴、镍等中等毒性元素。重金属中以汞的毒性最大,镉次之,加上铅、铬、砷有"五毒"之称。值得注意的是,有些重金属在微生物的作用下可以转化为毒性更强的金属化合物,比如无机汞在微生物的作用下可以转化为毒性更强的有机汞,金属污染物可以通过食物链的生物富集作用在高等生物体内成千倍地富集,最后通过食物链进入人体,并在人体的某些器官中积累,最终造成对人体的毒害。

(3)其他化学污染物质　包括酚类物质、氰化物及其他酸碱污染物等。酚类污染物主要来源于冶金、煤气、炼焦、石油化工和塑料等生产过程的排放物。氰化物主要来源于电镀、洗煤、选矿等工业的污水,这种污染物质对人、畜剧毒,要严格控制其进入农田生产系统中。另外,来源于矿石、化工厂、医药、冶炼、钢铁、燃料等工业的酸性污水及来源于造纸、印刷、制革、制碱等工业的碱性污染物也是造成水质污染的重要方面,这些污水进入农田都会对作物的生长发育造成严重的影响,导致作物减产和品质恶化等后果。

**3. 小麦标准化生产对水质的要求**　小麦标准化生产的

基地应选择在地表水、地下水水质清洁无污染的地区,水域、水域上游没有对该基地构成威胁的污染源。源头和进入麦田的灌溉水质中不得含有国家规定的有毒有害物质,符合标准化生产的灌溉水质标准见表4。

表4 小麦标准化生产的灌溉用水质量要求 (毫克/升)

| 项　目 | 限　值 | 项　目 | 限　值 |
|---|---|---|---|
| pH值 | ≤6.5~8.5 | 铬($Cr^{6+}$) | ≤0.1 |
| 总　汞 | ≤0.001 | 石油类 | ≤1.0 |
| 总　镉 | ≤0.005 | 氟化物(以$F^-$计) | ≤1.5 |
| 总　砷 | ≤0.1 | 氯化物(以$Cl^-$计) | ≤250 |
| 总　铅 | ≤0.1 | 氰化物 | ≤0.5 |

注:来源于农业部发布的标准 NY/T 851—2004

### (二)小麦标准化生产对产地空气质量的要求

**1. 空气污染源** 良好的空气质量是小麦标准化生产的重要条件。大气污染会使小麦的细胞和组织器官受到伤害,生理机能和生长发育受阻,产量下降,品质变坏。从污染物的源头来看大气污染可分为工业污染、交通污染、生活污染和农业污染四种。工业污染主要包括火力发电厂、钢铁厂、水泥厂及化工厂等企业在生产过程中和燃料燃烧过程中所排放的煤烟、粉尘及无机或有机化合物等污染物。如火力发电厂以煤和石油为燃料,一般煤的含硫量为 0.5%~6%,石油的含硫量为 0.5%~3%;在高温条件下,大气中的氮被氧化为一氧化氮(NO)为主的氮氧化物。电厂排放的二氧化硫($SO_2$)、粉尘和氮氧化物等都是大气污染物的重要组成部分。交通污染包括汽车、火车、飞机和船舶等交通工具排放的尾气对大气造成的污染。近年来,随着交通运输业的迅速发展,由交通工具排放废气造成的大气污染越来越严重,特别是汽车尾气中排放的一氧化碳、二氧化硫、氮氧化物和碳氢化合物等已成为大气污染的重要因素。生活污染主要指人类烧饭、取暖等生活过程中由于燃烧燃料而向大气中排放的污染物,特别是以煤为燃料时向大气中排放大量的二氧化硫等有害物质。随着农业用化肥、农药等化工产品的逐年激增,在施用时散逸或蒸腾到大气中而造成的大气污染也不容忽视。

**2. 空气污染物及其危害** 空气污染物主要包括二氧化硫、烟尘、氮氧化物、一氧化碳、氟化物、光化学烟雾和其他的有害污染物。

(1)二氧化硫 二氧化硫是一种无色且有刺激性气味的气体,大气中的二氧化硫污染主要来源于煤的燃烧和含硫矿物的冶炼。二氧化硫在洁净干燥的空气中较为稳定,可停留1～2周,但在相对湿度较大且有颗粒物存在时易氧化形成三氧化硫,再与水分子结合生成硫酸分子,进而形成硫酸烟雾和酸雨。大气中的二氧化硫可造成植物的叶片受伤,甚至坏死,直接影响到作物叶片的光合作用效率和产量形成。

(2)氟化物 氟化物主要来源于钢铁、电解铝、磷肥、陶瓷和砖瓦的加工过程,其中以氟化氢为代表,对大气造成严重污染。氟化氢由于其比重较小,易于扩散,对作物的伤害要比二氧化硫更大。氟化氢对禾谷类作物的危害症状首先表现为新叶尖端和边缘黄化,特别是抽穗前后的旗叶和幼穗更为敏感,受害后很快就出现叶色灰绿等症状,严重时会出现失绿和叶片脱落,给作物生产带来巨大损失。

(3)烟尘 烟尘由烟和粉尘两部分组成,烟是伴随着燃料和其他物质燃烧所产生的 种含有固体、液体微粒的气溶胶。其中含有碳黑、飞灰等颗粒状浮游物,碳黑中除了碳元素外还包括由氢、氧、硫等成分组成的复杂有机化合物,其中许多化合物是有毒的。粉尘指煤、矿石等固体材料在运输、筛分、碾磨、加料和其他机械处理过程中所发生的,或是风力扬起的灰尘等。它们也是造成大气污染的重要组成部分。大气中的各种粉尘降落在作物叶片后,一方面影响了作物的光合作用,另一方面会造成叶片温度升高,叶片干枯甚至死亡。有些粉尘为碱性物质组成,这也会对作物的叶片造成一定的伤害。

(4)氮氧化物  氮氧化物的种类较多,主要包括 $NO$、$NO_2$、$N_2O$、$NO_3$、$N_2O_3$、$N_2O_4$、$N_2O_5$ 等,这些化合物的来源包括含氮有机化合物的燃烧、高温状态下空气中的氮被氧化以及工业用硝酸的挥发、氮肥加工及金属冶炼过程而产生。一氧化氮主要是由于燃料燃烧不完全产生的,主要来源于汽车的尾气等,其主要危害在于参与光化学烟雾的形成。光化学烟雾主要是由汽车尾气中的氮氧化物、碳氢化合物在强太阳光作用下发生化学反应而形成,其主要成分是臭氧、二氧化氮、醛类、过氧乙酰基硝酸酯等。臭氧主要侵害作物叶片的栅栏组织,叶片表面出现点刻状斑点,从而影响到作物的正常生长、发育和产量形成。大气污染物还包括无机气体硫氧化氢、氯化氢、氨气、氯气等。由于现代有机合成工业和石油化工业的迅速发展,进入大气的污染物越来越多,对农业生产影响越来越严重,对作物的产量和品质都会造成一定的影响。因此,小麦标准化生产应该避开大气污染严重的地区。

**3. 小麦标准化生产的空气质量要求**  选择远离城镇和无污染源排放口的地方种植小麦是保证大气环境质量达标的根本措施。对于无公害小麦生产基地必须要求基地周围(特别是上风口)不得有大气污染源,不得有有害气体排放,生产生活用的燃煤锅炉需要除尘除硫装置。大气质量要求稳定,符合无公害小麦生产大气环境质量标准（表5）。标准状态下,二氧化硫日平均浓度每立方米在 0.25 毫克以下,氟化物在 7 克以下。

表 5　环境空气质量标准

| 项　目 | 取值时间 | 限　值 | 单　位 |
|--------|---------|--------|--------|
| 总悬浮颗粒物 | 日平均 | 0.3 | 毫克/立方米 （标准状态） |
| 二氧化硫 | 日平均 | 0.15 | |
| | 1 小时平均 | 0.50 | |
| 二氧化氮 | 日平均 | 0.12 | |
| | 1 小时平均 | 0.24 | |
| 铅 | 季平均 | 1.5 | |
| 氟化物 | 日平均 | 7.0 | 微克/立方米(标准状态) |
| | 生长季平均 | 1.0 | 微克/(立方米×天) （标准状态） |

注:1. 日平均指任何一日的平均浓度;2.1 小时平均指任何 1 小时的平均浓度;3. 季平均指任何一季的日平均浓度的算术均值;4. 生长季平均指任何一个生长季月平均浓度的算术均值;5. 来源农业部发布的标准 NY/T 851—2004

# 三、小麦标准化生产对产地农作物茬口的要求

　　长期连作不仅会造成土壤地力下降,而且会导致麦田的病、虫和草害加重,最终直接影响到小麦的产量和品质。通过麦田的合理轮作,可以实现麦田的用养结合,大大提高地力,促进土壤中营养元素的平衡,减少病虫害的发生,提高小麦的产量和品质。一般来说,一个地方的耕作制度是在长期的种植经验基础上形成的,农民对耕作制度有一定的习惯性,在考虑麦田轮作养地模式时也要结合当地的种植习惯进行。

## (一)作物茬口特性

茬口特性是指栽培某一作物后的土壤生产性能,是作物生物学特性及其栽培措施对土壤共同作用的结果。对于茬口特性的评价,一般是从土壤的养分(包括有机物质)、水分、气热状况以及土壤耕性等各个方面来进行分析。不同作物对茬口的影响不同,从而形成不同的茬口特性。

从肥力方面来看,豆类、瓜类、芝麻等作物茬口的有效肥力较高,群众称之为油茬(黑茬),是非常好的茬口;相反甘薯、荞麦等作物的茬口地力消耗大,下茬作物必须加大施肥才能有较好的收成,群众称之为白茬;而麦类、玉米等作物的茬口肥力适中,群众称之为平茬。

从有机质含量来看,中耕作物对土壤有机质消耗多,麦类中等。而豆科作物、绿肥、牧草等具有补充或增加土壤有机质从而培肥地力的作用,是好的茬口。

从土壤耕性来看,群众一般依据耕性状况将茬口分为硬茬(或板茬)和软茬两种。硬茬的土壤紧实,耕耙时容易起硬坷垃,如高粱、谷子、糜子、向日葵等作物都具有较强大韧硬的根系,使得土壤板结,整地工作量大;软茬则土壤较软,易于整地,如豆类、麦类作物的茬口。对于小麦生产来说,茬地耕性状况直接影响到种子的发芽和出苗情况。

从土壤水分方面来看,有的茬口发干(如荞麦、甜菜和甘薯等作物的茬口),有的茬口发润(如玉米的茬口),对于干旱地区小麦的种植这一点比较重要。

前茬作物收获早晚也是评价茬口特性的重要方面,比如在两年三熟和一年两熟的轮作中,冬小麦的良好前茬作物必须是收获较早的作物,否则就不能保证小麦种植时早整地施肥,甚至不能保证小麦的适时播种,严重影响到后茬小麦的正常生长和产量水平。

### (二)小麦标准化生产中轮作对茬口的要求

一般而言,玉米、豌豆、大豆和油菜等茬口或休闲地都是恢复麦田地力的良好前茬,轮作后小麦可增产,特别是对于低产田的增产幅度会更加明显。轮作对于小麦品质性状的改善也十分有利。我国主要麦区小麦轮作与连作模式归纳于表6。

在黄淮麦区主要实行年间复种连作和较灵活的换茬种植模式,在水浇地上以年间复种连作(如小麦—玉米—小麦—玉米……)为主,在旱薄地上多实行换茬式轮作。总体来看,在生产水平低的一熟旱地上,适宜小麦轮作;而在生产水平较高的一熟水浇地以及多熟地上可实行年间连作,年内则可以与喜温作物自然轮换。在小麦生产中应该灵活应用换茬或插入养地作物(包括短生育期绿肥作物)的栽培,使小麦尽可能地处于较好的茬口,从而获得高产和稳产。

**表6 我国主要麦区小麦轮作与连作模式**

| 麦 区 | 水旱地 | 熟制(n熟/年) | 轮作类型 | 第一年 | 第二年 | 第三年 | 第四年 | 第五年 |
|---|---|---|---|---|---|---|---|---|
| 黄淮冬麦区 | 旱 地 | 2/1 | 年间连作 | 小麦-大豆 | 小麦-大豆 | 小麦-大豆 | 小麦-大豆 | 小麦-大豆 |
| | 水浇地 | 2/1 | 年间连作 | 小麦-玉米 | 小麦-玉米 | 小麦-玉米 | 小麦-玉米 | 小麦-玉米 |
| | 水 田 | 2/1 | 年间连作 | 小麦-棉花 | 小麦-棉花 | 小麦-棉花 | 小麦-棉花 | 小麦-棉花 |
| 北部冬麦区 | 水浇地 | 2/1 | 年间连作 | 小麦-玉米 | 小麦-玉米 | 小麦-玉米 | 小麦-玉米 | 小麦-玉米 |
| | 水浇地 | 2/1 | 年间连作 | 小麦-玉米 | 小麦-玉米 | 小麦-玉米 | 小麦-玉米 | 小麦-玉米 |
| | 旱 地 | 1/1 | 轮 作 | 小麦 | 谷子 | 芝麻 | — | — |
| | 旱 地 | 1/1+2/1 | 自由作 | 棉花 | 棉花 | 小麦-谷子 | 小麦-棉花 | — |

| 麦 区 | 水旱地 | 熟制(n熟/年) | 轮作类型 | 第一年 | 第二年 | 第三年 | 第四年 | 第五年 |
|---|---|---|---|---|---|---|---|---|
| 长江中下游冬麦区 | 水 田 | 2/1 | 年间连作 | 小麦-稻 | 小麦-稻 | 小麦-稻 | 小麦-稻 | 小麦-稻 |
| | 旱 地 | 3/1 | 年间连作冬轮换 | 小麦-稻-稻 | 油-稻-稻 | 肥-稻-稻 | — | — |
| 西南冬麦区 | 水 田 | 2/1 | 夏连冬轮 | 小麦-稻 | 油-稻 | 肥-稻 | — | — |
| | 旱 地 | 2/1 | 夏轮冬连 | 小麦-玉米 | 小麦-薯 | — | — | — |
| | 旱 地 | 2/1 | 年间连作 | 麦-玉米-薯 | 麦-玉米-薯 | 麦-玉米-薯 | 麦-玉米-薯 | — |
| 青藏春麦区 | 水旱地 | 1/1 | 短期连作 | 青稞 | 青稞 | 青稞 | 春小麦 | 休闲 |
| | 水旱地 | 1/1 | 轮作 | 青稞 | 小麦 | 油菜 | — | — |
| | 水旱地 | 1/1 | 轮作 | 青稞 | 豌豆 | 小麦-休闲 | — | — |
| 北部春麦区 | 旱 地 | 1/1 | 轮作 | 休闲 | 春小麦 | 莜麦 | 胡麻 | — |
| | 旱 地 | 1/1 | 轮作 | 春小麦 | 豌豆 | 春小麦 | 燕麦 | 胡麻 |
| 东北春麦区 | 旱 地 | 1/1 | 轮作 | 春小麦 | 春小麦 | 大豆 | 玉米 | |
| 西北春麦区 | 水浇地 | 1/1 | 连作为主 | 春小麦 | 春小麦 | 玉米 | 冬小麦-糜 | — |
| | 旱 地 | 1/1 | 轮作 | 豌(扁)豆 | 春小麦 | 春小麦 | 糜子 | 春作物 |

注:年间轮作且不同年份间为同样轮作重复,为年间连作

60

# 第四章 小麦标准化生产的播前准备

要实现小麦高产高效标准化生产,生产条件是基础,种好小麦是关键,播前准备是改善条件、保证高质量播种的重要措施。一般播前准备应包括土地准备、种子准备、基肥准备、除草剂与播种机械准备等方面的工作。

## 一、小麦标准化生产的土地准备

小麦生长发育所需要的主要营养物质和水分主要靠土壤供应,小麦生产过程中的栽培技术措施多数是通过改善土壤实施的。因此,播前土壤准备,对改善小麦生产的基本条件,获得稳产、高产有十分重要的作用。

### (一)小麦标准化生产的土壤条件要求

小麦是适应性较广的作物,几乎所有农业土壤都可种植小麦。但要实现小麦高产、稳产,还必须有一个良好的土壤条件,以满足小麦生育过程中对水、肥、气、热的要求。

**1. 小麦标准化生产对土壤的要求** 我国小麦产区土壤类型复杂多样,小麦产量水平差异较大。综合各地生产条件,一般高产麦田要求土壤耕作层深厚,有机质丰富,土壤结构良好,质地适中,适耕期长,土壤养分平衡充足,蓄水保肥能力强,通透性优良,土壤水、肥、气、热协调。具体来讲,主要包括以下几个方面。

(1)耕层深厚,结构良好 每公顷产量在 7 500 千克以上的高产麦田一般要求耕作层 20 厘米以上;耕层土壤容重为 1.1~1.35 克/立方厘米,孔隙度为 50%~55%,非毛管孔隙 15%~20%;具有疏松、软绵的耕层结构,质地良好,有丰富的 水稳性团粒结构,能蓄纳较多的肥水,为小麦根系生长、深扎 创造有利的条件,能较强地抗御旱、涝及干热风对小麦的危 害。同时,具备良好的耕性,耕作阻力小,适耕期长,有利于提 高整地质量和播种质量。

(2)土壤肥沃,养分供应协调 高产小麦要求土壤耕作层 有机质含量 12 克/千克以上,其中易分解有机质占 50%左 右。全氮含量 80~110 微克/克,速效磷 10~15 微克/克,速 效钾 140 微克/克以上。同时要求土壤水解氮含量 70 微克/ 克以上,碳氮比为 25:1。

(3)土地平整,沟渠配套 高产麦田要求地面平整,坡降 不超过 0.3%,保证排灌顺利,防止土、肥、水流失,同时也利 于保证各项田间作业的质量。麦田内外沟渠、涵闸要配套,确 保及时排灌,增强抗灾减灾能力。

**2. 建设高产稳产标准化生产麦田的主要措施** 培育肥 沃土壤,建设高标准、高质量的农田是实现小麦高产稳产的基 础,也是使小麦高产的基本保证。主要措施如下。

(1)工程措施 首先要因地制宜建立农田水利工程配套 体系,通过农田基本建设、障碍因素治理等措施,为解决南涝 北旱的状况创造条件;其次要通过工程措施实施麦田土壤整 治,达到改良土壤结构、质地的目的;还要发展麦田灌溉设施, 在提高水分利用效率的同时,做到排灌便利,旱涝稳产丰收。

(2)生物措施 建设高产稳产麦田的生物措施,主要是以 无机促有机,有机无机相结合,通过增肥改土,提高土壤基础 肥力。具体作法:一是建立合理的麦田轮作制度,做到用养结合,保证麦田物质循环的基本平衡;二是大力推广秸秆还田,增施有机肥投入,不断提高麦田土壤基础肥力;三是建立麦田林网,改善农田小气候,减轻干热风、霜冻害等气候灾害对小麦生长的影响。

### (二)小麦标准化生产的耕作整地技术

小麦标准化生产要达到高产稳产,必须要具有一个良好的土壤环境。耕翻整地质量直接影响小麦播种质量和幼苗生长。通过耕翻整地可以改良土壤结构,增强土壤蓄水性能,提高土壤供肥能力,从而促进小麦生长发育,有利于培育壮苗。良好的整地质量有利于培育早、全、齐、匀的壮苗。高产小麦要求深耕细耙,达到耕层深厚,结构良好,有机质丰富,养分协调,土碎地平,上虚下实,水、肥、气、热协调。耕翻整地是小麦标准化生产的基本技术环节之一,也是其他技术措施发挥增产潜力的基础。

麦田的耕作整地一般包括深耕和播前整地两个环节。深耕可以加深耕作层,有利于小麦根系下扎,增加土壤通气性,提高蓄水保肥能力,协调水、肥、气、热,提高土壤微生物活性,促进养分分解,保证小麦播后正常生长。一般耕地深度为20~25厘米。播前整地可起到平整地表、破除板结、匀墒保墒、深施肥料等作用,是保证播种质量,达到苗全、苗匀、苗齐、苗壮的基础。耕作整地因小麦栽培类型不同有所区别。

**1. 水浇地冬小麦标准化整地技术** 水浇地一般复种指数高,多为一年两作或两年三作。一年两作收获后种麦农时紧张,要在较短的时间内完成深耕、施肥、播种前整地3个环节。因此,应在前茬作物收获前尽量加强对前茬作物的管理,促进早熟,并力争在前茬收获前1周浇好穿茬水,前茬收获后立即撒肥深耕,及时耙耱整地。两年三作的麦田前茬作物收获较早,耕作整地时间较为充足,应在前茬作物收获后立即浅耕灭茬保墒,施足基肥,遇雨深耕,无雨要先浇底墒水后在宜耕期适时进行深耕,耕后耙耱,以后遇雨都要及时耙耱收墒。

**2. 旱地小麦标准化整地技术**  北方旱地小麦,在年降水量为 600 毫米以上的地区,多为一年两作或两年三作区,耕作整地与水地基本相同,但要注意前茬作物生长期间及收获以后的保墒技术。在年降水量为 500 毫米左右的地区,多为一年一作的休闲半休闲的麦田耕作制。麦收后正值雨季来临,要紧紧围绕夏季降水进行耕作。一般在麦收后立即浅耕灭茬打破表土板结层,待第一次透雨时,趁雨深耕,有利于接纳雨水。为了达到纳雨与保墒的双重目的,可以在雨季的每次降水之后都进行粗犁,也可以用小型圆盘耙耙地。对联合收割机收获留高茬的麦田,麦收后要用灭茬机灭茬麦秸覆盖,其纳雨蓄墒效果更好。在雨季过后的 8 月中下旬,要结合施基肥进行深翻,耕后进行精细耙耱整地,达到既松土又保墒的目的。

**3. 稻茬麦标准化整地技术**  小麦前茬作物是水稻,稻田长期浸水形成水稻土,土壤多黏重,固液气三相不协调。耕翻可翻转耕层,将耕层以下层次适度变换,掩埋有机肥料、作物残茬、杂草及病虫有机体等;可疏松耕层,松散土壤,降低土壤容重,增加孔隙度,改善通透性,促进好气性微生物活动和养分释放;提高土壤渗水、蓄水、保肥和供肥能力。要及时开沟排水,注意水稻收获后土壤水分干湿程度,及时耕翻,耕翻深度以 15~20 厘米为宜。整地包括耙地、开沟和做畦等。整地质量要求达到地面平整、混拌肥料、耙碎根茬、清除杂草、上松下实。

**4. 春小麦标准化整地技术**　春小麦深耕要在冬前进行。一般秋耕越早越好,具有促进土壤晒垡熟化、接纳秋雨、消灭杂草的目的。秋深耕可结合施入基肥。灌溉地区在入冬前要进行筑畦冬灌。冬前要在解冻返浆期,及早进行耕耙保墒整地。

各种麦田耕作整地的质量标准应达到深、透、碎、平、实、足,即深耕深翻加深耕层,耕透耙透不漏耕漏耙,土壤细碎无明暗坷垃,地面平整,上虚下实,底墒充足,为小麦播种和出苗创造良好条件。

# 二、小麦标准化生产的种子准备

## (一)小麦标准化生产的良种选用原则

良种是小麦生产最基本的生产资料之一,包括优良品种和优良种子两个方面。使用高质量良种是实现小麦标准化生产达到高产、稳产、优质和高效目标的重要手段。优良品种是在一定自然条件和生产条件下,能够发挥品种产量和品质潜力的种子,当自然条件和生产条件改变了,优良品种也要作相应的改变。选用良种必须根据品种特性、自然条件和生产水平,因地制宜。既要考虑品种的丰产性、抗逆性和适应性,又要防止用种的单一性。一般在品种布局上,应选用2～3个品种,以一个品种为主(当家品种),其他品种搭配种植,这样既可以防止因自然灾害而造成的损失,又便于调剂劳力和安排农活。选用小麦良种应做到以下5点。

第一,根据当地的气候生态条件,选用生长发育特性适合当地条件的品种,避免春性过强的品种发生冻害,冬性过强的品种贪青晚熟。

第二,根据当地的耕作制度、茬口早晚等,选择适宜在当地种植的早、中、晚熟品种。

第三,根据当地生产水平,肥力水平,气候条件和栽培水平确定品种类型和不同产量水平的品种。

第四,要立足抗灾保收,高产、稳产和优质兼顾,尤其要抵御当地的主要自然灾害。

第五,更换当家品种或从外地引种时,要通过试种、示范,再推广应用,以免给生产造成经济损失。

### (二)小麦标准化生产的种子质量要求

优良种子是实现小麦壮苗和高产的基础。种子质量一般包括纯度、净度、发芽率、水分、千粒重、健康度、优良度等,我国目前种子分级所依据的指标主要是种子净度、发芽率和水分,其他指标不作为分级指标,只作为种子检验的内容。

**1. 品种纯度**  小麦品种纯度是指一批种子中本品种的种子数占供检种子总数的百分率。品种纯度高低会直接影响到小麦良种优良遗传特性能否得到充分发挥和持续稳产、高产。小麦原种纯度标准要求不低于99.9%,良种纯度要求不低于99%。

**2. 种子净度**  种子净度是指种子清洁干净的程度,具体到小麦来讲是指样品中除去杂质和其他植物种子后,留下的小麦净种子重量占分析样品总重量的百分率。小麦原种和良种纯度要求均不低于98%。

**3. 种子发芽力**  种子发芽力是指种子在适宜的条件下发芽并长成正常幼苗的能力,常采用发芽率与发芽势表示,是决定种子质量优劣的重要指标之一。在调种前和播种前应做好种子发芽试验,根据种子发芽率高低计算播种量,既可以防止劣种下地,又可保证田间苗全、苗齐,为小麦高产奠定良好基础。

种子发芽势是指在温度和水分适宜的发芽试验条件下,发芽试验初期(3天内)长成的全部正常幼苗数占供试种子数的百分率。种子发芽势高,表明种子发芽出苗迅速、整齐、活力高。

种子发芽率是指在温度和水分适宜的发芽试验条件下,发芽试验终期(7天内)长成的全部正常幼苗数占供试种子数的百分率。种子发芽率高,表示有生活力的种子多,播种后成苗率高。小麦原种和良种发芽率要求均不低于85%。

**4. 种子活力**　种子活力是指种子发芽、生长性能和产量高低的内在潜力。活力高的种子,发芽迅速、整齐,田间出苗率高;反之,出苗能力弱,受不良环境条件影响大。种子的活力高低,既取决于遗传基础,也受种子成熟度、种子大小、种子含水量、种子机械损伤和种子成熟期的环境条件,以及收获、加工、贮藏和萌发过程中外界条件的影响。

**5. 种子水分**　种子水分也称种子含水量,是指种子样品中所含水分的重量占种子样品重量的百分率。由于种子水分是种子生命活动必不可少的重要成分,其含量多少会直接影响种子安全贮藏和发芽力的高低。种子样品重量可以用湿重(含有水分时的重量)表示,也可以用干重(烘失水分后的重量)表示。因此,种子含水量的计算公式有两种表示方法。

$$种子水分(\%) = \frac{样品重 - 烘干重}{样品重} \times 100\%(以湿重为基数);$$

$$种子水分(\%) = \frac{样品重 - 烘干重}{烘干样品重} \times 100\%(以干重为基数)。$$

小麦原种和良种种子水分要求均不高于13％(以湿重为基数)。

### (三)小麦标准化生产的种子精选与处理

小麦标准化生产的种子准备应包括种子精选和种子处理等环节。

**1. 种子精选** 在选用优良品种的前提下,种子质量的好坏直接关系到出苗与生长整齐度,以及病虫草害的传播蔓延等问题,对产量有很大影响。实施大面积小麦标准化生产,必须保证种子的饱满度好、均匀度高,这就要求必须对播种的种子进行精选。精选种子一般应从种子田开始。

(1)建立种子田 种子田就是良种供应繁殖田。良种繁殖田所用的种子必须是经过提纯复壮的原种,使其保持良种的优良种性,包括良种的特征特性、抗逆能力和丰产性等。种子田收获前还应进行严格的去杂去劣,保证种子的纯度。

(2)精选种子 对种子田收获的种子要进行严格的精选。目前精选种子的主要方法是通过风选、筛选、泥水选种、精选机械选种等方法,通过种子精选可以清除杂质、瘪粒、不完全粒、病粒及杂草种子,以保证种子的粒大、饱满、整齐,提高种子发芽率、发芽势和田间成苗率,有利于培育壮苗。

**2. 种子处理** 小麦播种前为了促使种子发芽出苗整齐、早发快长以及防治病虫害,还要进行种子处理。种子处理包括播前晒种、药剂拌种和种子包衣等。

(1)播前晒种 晒种一般在播种前2～3天,选晴天晒1～2天。晒种可以促进种子的呼吸作用,提高种皮的通透性,加速种子的生理成熟过程,打破种子的休眠期,提高种子的发芽率和发芽势,消灭种子携带的病菌,使种子出苗整齐。

（2）药剂拌种　药剂拌种是防治病虫害的主要措施之一。生产上常用的小麦拌种剂有 50％辛硫磷，使用量为每 10 千克种子 20 毫升；2％立克秀，使用量为每 10 千克种子 10～20 克；15％三唑酮，使用量为每 10 千克种子 20 克。可防治地下害虫和小麦病害。

（3）种子包衣　把杀虫剂、杀菌剂、微肥、植物生长调节剂等通过科学配方复配，加入适量溶剂制成糊状，然后利用机械均匀搅拌后涂在种子上，成为包衣。包衣后的种子晾干后即可播种。使用包衣种子省时、省工、成本低、成苗率高，有利于培育壮苗，增产比较显著。一般可直接从市场购买包衣种子。生产规模和用种较大的农场也可自己包衣，可用 2.5％适乐时作小麦种子包衣的药剂，使用量为每 10 千克种子拌药10～20 毫升。

# 三、小麦标准化生产的其他准备工作

## （一）小麦标准化生产中基肥的施用

在研究和掌握小麦需肥规律和施肥量与产量的关系基础上，依据当地的气候、土壤、品种、栽培措施等实际情况，确定小麦肥料的运筹技术，提高肥料利用效率。根据肥料施用的时间和目的不同，可将小麦肥料划分为基肥（底肥）和追肥。基肥可以提供小麦整个生育期对养分的需要，对于促进麦苗早发，冬前培育壮苗，增加有效分蘖和壮秆大穗具有重要的作用，基肥的种类、数量和施用方法直接影响基肥的肥效。

### 1. 基肥的种类与施用量

（1）基肥的种类　基肥以有机肥、磷肥、钾肥和微肥为主，速效氮肥为辅。有机肥具有肥源广、成本低、养分全、肥效缓、有机质含量高、能改良土壤理化特性等优点,对各类土壤和不同作物都有良好的增产作用。因此,在施用基肥时应坚持增施有机肥,并与化肥搭配使用。

(2)基肥的用量  基肥使用量要根据土壤基础肥力和产量水平而定。一般麦田每 667 平方米施优质有机肥 5 000 千克以上,纯氮(N)9～11 千克(折合尿素 20～25 千克)、纯磷($P_2O_5$)6～8 千克(折合过磷酸钙 50～60 千克或磷酸二铵 20～22 千克),纯钾($K_2O$)9～11 千克(折合氯化钾 18～22.5 千克),硫酸锌 1～1.5 千克(隔年施用)。推广应用腐殖酸生态肥和有机无机复合肥,或每 667 平方米施三元复合肥($N$、$P_2O_5$、$K_2O$ 含量分别为 20%、13%、12%)50 千克。大量小麦肥料试验证明,土壤基础肥力较低和中低产水平的麦田,要适当加大基肥使用量,速效氮肥基肥与追肥用量之比以 7∶3 为宜;土壤基础肥力较高和高产水平的麦田,要适当减少基肥使用量,速效氮肥的基肥与追肥用量之比以 6∶4(或 5∶5)为宜。

**2. 小麦标准化生产的基肥施用技术**  小麦基肥施用技术有将基肥撒施于地表面后立即耕翻和将基肥施于垡沟内边施肥边耕翻等方法。对于土壤质地偏黏,保肥性能强,又无灌水条件的麦田,可将全部肥料一次施作基肥,俗称"一炮轰"。具体方法是,把全量的有机肥、2/3 氮、磷、钾化肥撒施地表后,立即深耕,耕后将余下的肥料撒到垡头上,再随即耙入土中。对于保肥性能差的沙土或水浇地,可采用重施基肥、巧施追肥的分次施肥方法。即把 2/3 的氮肥和全部的磷钾肥、有机肥作为基肥,其余氮肥作为追肥。微肥可作基肥,也可拌种。作基肥时,由于用量少,很难撒施均匀,可将其与细土掺和后撒施于地表,随耕入土。用锌、锰肥拌种时,每千克种子用硫酸锌 2～6 克、硫酸锰 0.5～1 克,拌种后随即播种。

### (二)小麦标准化生产中播种机的选用

小麦播种机械化是保证小麦标准化生产时播种均匀、播深一致和出苗均匀整齐,实现苗齐、苗全、苗匀、苗壮的重要措施。播种机类型对播种质量有直接影响,一般播种机的选用要根据不同地区的生产、土壤条件和作物茬口等综合因素来考虑。

**1. 精量半精量播种机**　适宜于水浇地高产麦田的精量、半精量播种。精量播种选用 2BJM-3-1 型精密播种机,行距 20～30 厘米,播种深度 3～5 厘米,每公顷播种量 45～75 千克;半精量播种选用 2BJS-6 型半精量播种机,行距 20 厘米,播种深度 3～5 厘米,每公顷播种量 75～105 千克。

**2. 转盘式精量播种机**　适宜于旱地小麦播种。可保证种子播种密度均匀,深浅一致,播深 4～6 厘米,缩短始苗期到齐苗期的时间(2～3 天),并减少缺苗断垄和疙瘩苗,建立良好的苗情基础。

**3. 浅旋耕条播机**　适宜于稻茬小麦播种。稻茬田土壤板结、田面不平和稻茬的存在,常规机条播时往往易堵塞排种孔,造成低播种量条件下不能均匀播种。在水稻收获后,土壤墒情适宜时,对稻板茬先浅旋耕灭茬,再镇压,使田面平整、土层严实,然后采用精量或半精量扩行机条播。或耕翻后再直接采用浅旋耕机条播。保证播种深度 2～3 厘米,落籽均匀,有利于早出苗、出全苗,且落籽在富含养分的土壤表层,有利于早发壮苗。

**4. 地膜覆盖播种机**　适宜于肥旱地和水浇地小麦播种,

又分为穴播机和条播机两种。穴播一般采用机引7行穴播机,地膜用幅宽140厘米、厚度0.007毫米的聚乙烯微膜,每公顷用量为75～85千克,每幅播7行小麦,行距20厘米、穴距10厘米,幅间距20～30厘米,播种深度3～5厘米。穴播机可一次完成开沟、覆膜、打孔、播种和覆土等作业,播种时要注意机械牵引行走速度要均匀,防止膜孔错位。条播一般采用机引4行条播机,地膜为幅宽40厘米、厚度0.007毫米的聚乙烯微膜,每公顷用量为45～55千克,膜下起垄,垄高10厘米,膜侧为沟,沟内播两行小麦,行距20厘米,形成宽(30厘米)窄行(20厘米)带状种植,机械牵引每次种两带,条播机可一次完成开沟起垄、施肥、播种、覆膜和覆土等作业。播种后要每隔2～3米在膜上压一条土腰带,防止大风揭膜。地膜覆盖播种机要求做到地面平整、上虚下实、无土块、无根茬,覆膜播种前要求墒情良好。播种期一般应比当地适宜播期推迟5～7天,以防止冬前旺长。

### (三)小麦标准化生产中除草剂的选用

麦田草害是影响小麦产量的重要限制因子之一,草害会恶化田间小气候,加重小麦病虫害发生,影响小麦品质。除了中耕除草外,化学除草是一种高效、及时、省工、省力、经济廉价、行之有效的防除草害的方法。

**1. 麦田主要杂草** 据调查,麦田常见杂草有30余种。其中危害小麦的主要恶性杂草有:喜湿性禾本科杂草包括看麦娘、日本看麦娘、野燕麦、早熟禾、马唐和冈草等。旱生性阔叶类杂草包括猪殃殃、大巢菜、小巢菜、牛繁缕、繁缕、麦家公、荠菜、播娘蒿、婆婆纳和夏至草等。

**2. 化学除草** 近10多年来,我国化学除草发展很快,在研究杂草的生物学特性和防除技术的同时,麦田杂草的防除和不同除草剂的应用也得到了推广普及。化学除草消灭杂草效果显著,但使用技术也要求严格。因此,要在了解主要杂草种类的基础上,掌握除草剂的特点与防除对象、使用方法和注意事项。

(1)禾本科杂草的防除  目前小麦生产上防除禾本科杂草的主要除草剂种类主要有绿麦隆、骠马、骠灵、异丙隆、甲黄隆、绿黄隆及甲黄隆、绿黄隆复配剂等。绿麦隆一般每公顷用量为 3 750~5 250 克,在播后芽前或出苗后每公顷对水750~900 升均匀喷雾。为了提高绿麦隆的防效,各地对它的使用技术进行了一系列的改进。如大水量泼浇法、药肥混喷法、复配法等。随着骠马、异丙隆和黄酰脲类等高效除草剂的开发推广,绿麦隆使用量逐年较少。骠马是防除麦田看麦娘、野燕麦、早熟禾、马唐、硬草和罔草等的特效除草剂。具有防效高、用药适期宽、使用安全等优点。对控制恶性杂草看麦娘发挥了不可替代的作用。骠马是一种内吸传导型除草剂,主要通过杂草的绿色部位吸收,一般冬前每公顷用量为 6.9% 浓乳油 600 毫升,年后每公顷使用 900~1 125 毫升,每公顷对水450~600 升均匀喷雾,在看麦娘、野燕麦、硬草和罔草等出齐后或分蘖盛期对其茎叶喷雾,防效可达 95% 以上。但骠马对阔叶杂草无效,且不能用于大麦、玉米和高粱田,否则会产生药害。异丙隆可防除麦田看麦娘、早熟禾、硬草、牛繁缕、碎米荠等一年生单子叶和双子叶杂草,防效明显优于绿麦隆,尤其是对硬草防效突出。异丙隆属取代脲类除草剂,但在水中溶解度高,在土壤中比绿麦隆降解快,因而安全性也比绿麦隆高。异丙隆是选择性内吸传导型除草剂,杂草由根部和叶片吸收。冬前一般每公顷用量为 25% 异丙隆 4 500 克,年后春季每公顷用量需增加到 7 500 克,对水 750 升均匀喷雾,最适用药期是在冬前麦苗 3 叶期出草高峰后。春季宜掌握在早春使用,麦苗拔节后不宜使用。

(2)阔叶杂草的防除　目前小麦生产上用来防除阔叶杂草的主要除草剂种类有巨星、二甲四氯、苯达松、百草敌、使它隆等。巨星可防除以荠菜、繁缕、麦家公、播娘蒿为主的麦田杂草。一般每公顷用量为 75％巨星干悬剂 15 克对水 900 升均匀喷雾。巨星对荠菜防效优于使它隆,但巨星最佳使用期在杂草齐苗至 3 叶期。应用巨星后的麦田在 60 天内不宜种植阔叶作物。百草敌可防除猪殃殃、大巢菜、繁缕、藜、蓼等为主的麦田杂草。一般在春季小麦拔节前,气温回升到 8℃以上时,每公顷使用 48％百草敌 150～200 毫升加 20％二甲四氯水剂 2 000 毫升对水 900 升均匀喷雾。使它隆可防除以泽漆为主的麦田杂草。每公顷用 20％使它隆 600 毫升加 20％二甲四氯水剂 2 250 毫升对水 900 升均匀喷雾,除草效果更好。

# 第五章  小麦标准化生产的
## 播种管理技术

## 一、小麦标准化生产的播种技术

播种技术是小麦栽培技术中的重要基础环节。播种质量直接关系到小麦出苗、麦苗生长和麦田的群体结构，也影响其他栽培技术措施的实施和产量的形成。衡量播种质量的标准是达到苗全、苗齐、苗匀和苗壮。播种技术主要包括适期播种、合理密植和高质量播种等技术环节。

### (一)适期播种

适期播种是使小麦苗期处于最佳的温度、光照、水分条件下，充分利用光热和水土资源，达到冬前培育壮苗的目的。确定适宜播种期的方法为根据品种达到冬前壮苗的苗龄指标和对冬前积温的要求初步确定理论适宜播种期，再根据品种发育特性、自然生态条件和拟采用的栽培体系的要求进一步调整，最终确定当地的适宜播种期。

**1. 冬前积温**　小麦冬前积温指标包括播种到出苗的积温及出苗到定蘖数的积温。据研究，播种到出苗的积温一般为 120℃左右(播深在 4～5 厘米)，出苗后冬前主茎每片叶，平均约需 75℃积温。这样，根据主茎叶片和分蘖产生的同伸关系，即可求出冬前达到不同苗龄与蘖数所需的总积温。一般半冬性品种冬前要达到主茎 6～7 片叶，春性品种冬前要达到主茎5～6片叶。如果越冬前要求单株茎数为5个，主茎叶数片为6片，则冬前总积温为：$75×6+120=570(℃)$。得出冬前积温后，再从当地气象资料中找出昼夜平均温度稳定降到0℃的时期，由此向前推算，将逐日平均高于0℃以上温度累加达到570℃的那一天，即可定为理论上的适宜播期，这一天的前后3天，即可作为播种适期。

**2. 品种发育特性** 不同感温、感光类型品种，完成发育要求的温光条件不同。播种过早不适于感温发育，只适于营养生长，造成营养生长过度或春性类型发育过快，不利于安全越冬。播种过晚有利于春化发育，不利于营养生长。一般强冬性品种宜适当早播，弱冬性品种可适当晚播。

**3. 自然生态条件** 小麦一生的各生育阶段，都要求相应的积温。但不同地区、不同海拔和地势的光热条件不同，达到小麦苗期所要求的积温时间也不同。一般我国随纬度与海拔的提高，积温累积时期加长，因而播种要适当提早。华北大部分地区都以秋分种麦较为适时，各地具体播种时间均依条件的变化进行调节。

**4. 栽培体系及苗龄指标** 不同栽培体系要求苗龄指标不同，因而播种适期也不同。精播栽培体系，依靠分蘖成穗，要求冬前以偏旺苗（主茎7～8叶）越冬，播期要早。独秆（主茎成穗为主）栽培体系要求控制分蘖，以主茎成穗（冬前主茎3～4叶），播期要晚。

可见适期播种是随其他栽培因素而改变的相对概念。由于播种期具有严格的地区性，在理论推算的前提下，根据实践各麦区冬小麦的适宜播期为：冬性品种一般在日平均气温16℃～18℃、弱冬性品种一般在14℃～16℃时，一般在9月中下旬至10月中下旬，在此范围内，还要根据当地的气候、土壤肥力、地形等特点进行调整。北方春小麦主要分布在北纬35°以北的高纬度、高海拔地区,春季温度回升缓慢,为了延长苗期生长,争取分蘖和大穗,一般在气温稳定在 0℃～2℃左右,表土化冻时即可播种。东北春麦区在 5 月上中旬。宁夏回族自治区、内蒙古自治区及河北省坝上在 3 月中旬左右。

## (二)合理密植

合理密植包括确定合理的播种方式、合理的基本苗数,提出各生育阶段合理的群体结构,实现最佳产量结构等。大量研究结果和生产实践表明,穗数是合理的群体结构与最佳产量构成的主导因素,基本苗数是取得合理穗数的基础,单株成穗是达到合理穗数重要的调控途径。而在当前大面积中低产条件下,通过播种量控制基本苗是合理密植的主要手段。

**1. 确定合理播种量的方法**　小麦标准化生产上通常采取"以地定产,以产定穗,以穗定苗,以苗定籽"的方法确定实际播种量,即以土壤肥力高低确定产量水平,根据计划产量和品种的穗粒重确定合理穗数,根据计划穗数和单株成穗数确定合理的基本苗数,再根据计划基本苗和品种千粒重、发芽率及田间出苗率等确定播种量,种子发芽率在种子质量的检验中确定,田间出苗率一般以 80％计,根据整地质量与墒情在70％～90％范围内调整。实际播种量可按下式计算。

$$\text{播种量(千克/公顷)} =$$

$$\frac{\text{每公顷计划基本苗(万)} \times \text{千粒重(克)}}{\text{发芽率(％)} \times \text{种子净度(％)} \times \text{田间出苗率(％)} \times 10^6}$$

**2. 影响播种量的因素**　在初步确定理论播种量的基础上,实际播种量还要根据当地生产条件、品种特性、播期早晚和栽培体系类型等情况进行调整。调整播种量时掌握的原则是：土壤肥力很低时，播种量应低些，随着肥力的提高，应适当增加播种量；当肥力达到一定水平时，则应相对减少播种量。对营养生长期长、分蘖力强的品种，在水肥条件较好的条件下可适当减少播种量；对春性强、营养生长期短、分蘖力弱的品种可适当增加播种量。大穗型品种宜稀，多穗型品种宜密。播种期早晚直接决定冬前有效积温多少，播种量应为早稀晚密。不同栽培体系中，精播栽培要求苗数少，播量低。独秆栽培由于播种晚，因其冬前基本无分蘖，要求播量增大。常规栽培，播期适宜，主穗与分蘖并重，播种量居中。

### (三)高质量播种

在精细整地、合理施肥（有时包括灌水）、选择良种、适时播种和合理密植等一系列技术措施的基础上，要实现小麦高质量播种，必须创造适宜的土壤墒情，还要采用机械化播种，并选用适当的播种方式，才能够保证下籽均匀、深度适宜、深浅一致，覆土良好，达到苗全、苗齐、苗匀和苗壮的标准。避免出现"露籽、丛籽、深籽"现象。

播种深度一般掌握在 3～5 厘米为宜。在遇土壤干旱时，可适当增加播种深度，土壤水分过多时，可适当浅播。要防止播种过深或过浅。如果播种太深，幼苗出土消耗养分太多，地中茎过长，出苗迟，麦苗生长弱，影响分蘖和次生根发生，甚至出苗率低，无分蘖和次生根，越冬死苗率高；播种太浅，会使种子落干，不利于根系发育，影响出苗，丛生小蘖，分蘖节入土浅，越冬易受冻害。

土壤肥力较好的高产农田，一般适宜精量或半精量播种，播种方式多采用等行距条播，行距为 20～25 厘米。也可根据套种要求实行宽窄行播种，或在旱作栽培中进行沟播、覆盖穴播、条播。精量或半精量播种可通过降低基本苗,促进个体健壮生长,培育壮苗,协调群体和个体的关系,提高群体质量,实现壮秆大穗。

# 二、小麦标准化施肥

## (一)小麦的需肥特性

小麦生长发育所需要的营养元素有大量元素碳、氧、氢、氮、磷、钾、钙、镁、硫等和微量元素铁、锰、锌、氯、硼、铜等。其中大量元素碳、氢、氧通过光合作用从空气和水中获得,占小麦干物质重的 95%左右;其他氮、磷、钾等元素主要依靠根系从土壤中吸收,占小麦干物质重不足 5%,其中氮、钾各在 1%以上,磷、钙、镁、硫各在 0.1%以上,微量元素均在 6 毫克/千克以上。

大量研究分析表明,随着产量水平的提高,氮、磷、钾吸收总量相应增加(表7)。小麦每生产 100 千克籽粒,约需纯氮 3±0.9 千克、纯磷($P_2O_5$)1.1±0.2 千克、纯钾($K_2O$)3.3±0.6 千克,三者的比例约为 2.8:1:3.1。但随着产量水平的提高,氮的相对吸收量减少,钾的相对吸收量增加,磷的相对吸收量基本稳定。

随着小麦在生育进程中干物质积累量的增加,氮、磷、钾吸收总量也相应增加(表8)。小麦起身期以前麦苗较小,氮、磷、钾吸收量较少。起身以后,植株迅速生长,养分需求量也急剧增加,拔节至孕穗期小麦对氮、磷、钾的吸收达到一生的高峰期。其中,小麦对磷的需求在开花后有第二次吸收高峰;对氮吸收孕穗期后强度减弱,成熟期达最大累积量;对钾的吸收到抽穗期达最大累积量,其后钾的吸收出现负值。不同生育时期营养元素吸收后的积累分配,主要随生长中心的转移而变化(表9)。营养元素在苗期主要用于分蘖和叶片等营养器官(春小麦包括幼穗)的建成,拔节至开花期主要用于茎秆和分化中的幼穗,开花以后则主要流向籽粒。籽粒中的氮素来源于2个部分,大部分是开花以前植株吸收氮的再分配,小部分是开花以后根系吸收的氮,其中的80%以上输向籽粒。磷的积累分配与氮的基本相似,但吸收量远小于氮。钾向籽粒中转移量很少。

**表7 不同产量水平下小麦对氮、磷、钾的吸收量**

| 产量水平 | 吸收总量(千克/公顷) | | | 100千克吸收量(千克) | | | 吸收比 |
| (千克/公顷) | 纯氮 (N) | 纯磷 ($P_2O_5$) | 纯钾 ($K_2O$) | 纯氮 (N) | 纯磷 ($P_2O_5$) | 纯钾 ($K_2O$) | N∶P∶K |
|---|---|---|---|---|---|---|---|
| 1965 | 116.7 | 35.6 | 54.8 | 5.94 | 1.81 | 2.79 | 3.3∶1∶1.5 |
| 3270 | 120.3 | 40.1 | 90.3 | 3.69 | 1.23 | 2.76 | 3.0∶1∶2.2 |
| 4575 | 125.9 | 40.2 | 133.7 | 2.75 | 0.88 | 2.92 | 3.1∶1∶3.3 |
| 5520 | 142.5 | 50.3 | 213.5 | 2.58 | 0.91 | 3.87 | 2.8∶1∶4.3 |
| 5940 | 194.6 | 62.9 | 160.4 | 3.28 | 1.06 | 2.70 | 3.0∶1∶2.5 |
| 6180 | 179.3 | 55.7 | 234.9 | 2.90 | 0.90 | 3.80 | 3.2∶1∶4.2 |
| 6420 | 159.0 | 73.6 | 166.5 | 2.48 | 1.15 | 2.59 | 2.2∶1∶2.3 |
| 7455 | 207.2 | 82.1 | 216.3 | 2.78 | 1.09 | 2.90 | 2.6∶1∶2.7 |
| 7650 | 182.9 | 75.0 | 212.0 | 2.39 | 0.98 | 2.77 | 2.4∶1∶2.8 |
| 7740 | 233.0 | 91.5 | 352.2 | 3.01 | 1.18 | 4.55 | 2.6∶1∶3.8 |
| 8265 | 229.2 | 99.3 | 353.3 | 2.77 | 1.20 | 4.27 | 2.3∶1∶3.6 |
| 9150 | 246.3 | 85.5 | 303.0 | 2.69 | 0.93 | 3.31 | 2.9∶1∶3.6 |
| 9540 | 242.2 | 95.3 | 311.0 | 2.54 | 1.00 | 3.26 | 2.5∶1∶3.3 |
| 9810 | 286.8 | 97.4 | 330.2 | 2.92 | 0.99 | 3.37 | 2.9∶1∶3.4 |
| 平均 | 190.4 | 69.7 | 216.6 | 3.05 | 1.09 | 3.28 | 2.8∶1∶3.1 |

表 8　不同生育期纯氮、纯磷、纯钾累积进程

| 生育时期 | 干物质千克/公顷 | 纯氮(N) | | 纯磷($P_2O_5$) | | 纯钾($K_2O$) | |
|---|---|---|---|---|---|---|---|
| | | 千克/公顷 | 累积量(%) | 千克/公顷 | 累积量(%) | 千克/公顷 | 累积量(%) |
| 三叶期 | 168.0 | 7.65 | 3.76 | 2.70 | 3.08 | 7.80 | 3.32 |
| 越冬期 | 841.5 | 30.45 | 14.98 | 11.55 | 13.18 | 30.75 | 13.11 |
| 返青期 | 846.0 | 30.90 | 15.20 | 10.65 | 12.16 | 24.30 | 10.36 |
| 起身期 | 768.0 | 34.65 | 17.05 | 14.55 | 16.61 | 33.90 | 14.45 |
| 拔节期 | 2529.0 | 88.50 | 43.54 | 25.20 | 28.77 | 96.90 | 41.30 |
| 孕穗期 | 6307.5 | 162.75 | 80.07 | 49.80 | 56.85 | 214.20 | 91.30 |
| 抽穗期 | 7428.0 | 170.10 | 83.69 | 54.00 | 61.64 | 234.60 | 100.00 |
| 开花期 | 7956.0 | 164.7 | 81.03 | 57.30 | 65.41 | 206.10 | 87.85 |
| 花后 20 天 | 12640.5 | 180.75 | 88.93 | 67.20 | 76.71 | 184.65 | 78.71 |
| 成熟期 | 15516.0 | 203.25 | 100.00 | 87.60 | 100.00 | 191.55 | 81.65 |

注:数据为冀麦 24 号、冀麦 7 号和丰抗 2 号品种的平均值,平均产量 6 976.5 千克/公顷

表 9　不同生育期氮、磷、钾在各器官中的分配比例　(%)

| 生育时期 | 纯氮(N) | | | 纯磷($P_2O_5$) | | | 纯钾($K_2O$) | | |
|---|---|---|---|---|---|---|---|---|---|
| | 叶 | 茎 | 穗 | 叶 | 茎 | 穗 | 叶 | 茎 | 穗 |
| 越冬期 | 100.0 | — | — | 100.0 | — | — | 100.0 | — | — |
| 返青期 | 100.0 | — | — | 100.0 | — | — | 100.0 | — | — |
| 起身期 | 100.0 | — | — | 100.0 | — | — | 100.0 | — | — |
| 拔节期 | 93.8 | 6.2 | | 89.2 | 10.8 | | 88.7 | 11.3 | |
| 孕穗期 | 78.6 | 13.2 | 8.2 | 62.6 | 24.3 | 13.1 | 63.9 | 31.9 | 4.2 |
| 抽穗期 | 68.8 | 17.1 | 14.1 | 50.5 | 27.3 | 22.2 | 51.1 | 40.8 | 8.1 |
| 开花期 | 61.5 | 22.3 | 16.2 | 49.5 | 28.0 | 22.5 | 50.1 | 40.1 | 9.8 |

| 生育 | 纯氮(N) | | | 纯磷(P$_2$O$_5$) | | | 纯钾(K$_2$O) | | |
|---|---|---|---|---|---|---|---|---|---|
| 时期 | 叶 | 茎 | 穗 | 叶 | 茎 | 穗 | 叶 | 茎 | 穗 |
| 花后 20 天 | 36.2 | 13.4 | 50.4 | 23.3 | 12.8 | 63.9 | 36.2 | 43.6 | 20.2 |
| 花后 30 天 | 21.5 | 10.0 | 68.5 | 15.4 | 8.3 | 76.3 | 33.0 | 42.0 | 25.0 |
| 成熟期 | 16.1 | 6.5 | 77.4 | 12.6 | 7.1 | 80.3 | 29.2 | 43.1 | 27.7 |

注：数据为冀麦 24 号、冀麦 7 号和丰抗 2 号品种的平均值，平均产量 6 976.5 千克/公顷

### (二)小麦标准化生产的合理施肥原则

合理施肥是指通过施肥手段调控土壤养分，培肥地力，提高肥料利用率，经济有效地满足小麦高产对肥料的需求。将合理施肥的一般原则归纳为以下 6 点。

**1. 坚持前茬作物秸秆还田、增施有机肥、有机肥与无机肥配合施用** 有机肥(农家肥)具有肥源广、成本低、养分全、肥效迟缓、有机质含量高、改良土壤等优点，对各类土壤和各种作物都有良好的增产作用。为确保小麦高产、稳产，必须坚持增施有机肥，并与化肥配合施用。增施有机肥，关键在于开辟肥源。如采取过腹还田、秸秆还田、高温堆肥、种植绿肥、积攒土杂肥等措施。

**2. 依据土壤基础肥力和产量水平合理施肥** 由于土壤基础肥力不同，施用同等肥料的增产效果不同。在施肥时应注意薄地、远地和晚茬地适当多施，肥地可适当少施，才有利于充分发挥肥料的增产效益，达到均衡增产的目的。

**3. 重施基肥，适时适量追施苗肥，培育冬前壮苗** 施足基肥能促进麦苗早发，冬前培育壮苗、增加有效分蘖和壮秆大穗。根据全国各地高产经验，以有机肥和磷、钾肥全部作为基

肥,氮素化肥用量的 50％～60％用作基肥。如果基肥不足,可适量追施苗肥,以促进年前分蘖,提高分蘖成穗率。

**4. 越冬期晚弱苗中产麦田重施早施返青肥,越冬壮苗高产麦田重施晚施拔节孕穗肥** 一般越冬期晚弱苗中产麦田重施返青肥,主要目的是促进分蘖成穗和大穗。而越冬壮苗高产麦田由于前期土、肥、水条件较好,为了防止无效分蘖过多、茎叶旺长、群体过大而造成倒伏,要控制返青肥,而在拔节孕穗期基部节间定长、群体叶色褪绿,植株以碳素代谢为主时,重施拔节孕穗肥,促进壮秆大穗,达到增穗、增粒及增重的目的。具体施肥时期要视肥力、前期施肥状况、苗情长势长相(叶色、叶面积、茎蘖数等)及天气情况等而定。氮肥总用量的 40％～60％用作拔节孕穗肥。大量实践证明,一般每公顷施肥量以 150 千克尿素增产效果显著。

**5. 生育后期叶面喷肥防早衰,增加高效功能叶功能期,增加粒重** 可结合后期防治病虫害,喷施磷酸二氢钾和尿素混合液,延长功能叶功能期,提高粒重。

**6. 优质专用小麦施肥应兼顾小麦产量和品质需要** 面包专用小麦生产过程中,在选用优质小麦品种的基础上,一般都采取小群体、壮个体,施足基肥,重施拔节孕穗肥,辅以花期喷肥的氮肥施用策略。在中等肥力地块,有机肥、无机肥和各种肥料元素合理搭配的基础上,每公顷施纯氮总量要达 240 千克左右,基肥和追肥的比例一般为 6∶4,在施足基肥的基础上,在小麦拔节后期,每公顷追施尿素 150～225 千克,抽穗扬花期每公顷可根外喷施尿素 15～30 千克。

饼干用小麦与面包用小麦在施肥技术上有所不同。前者强调的是低蛋白栽培,后者要求高蛋白栽培。故施肥方式上强调施足基肥,重苗肥,后期少施或不施氮肥。从某种意义上说,

"一炮轰"的施肥方式对生产饼干小麦非常实用;小群体、氮肥后移,后期重追肥的栽培方式则可能降低饼干用小麦的品质。

### (三)小麦标准化生产的施肥技术

小麦的施肥技术应包括施肥量、施肥时期和施肥方法。

**1. 施肥量**　施肥量与小麦的需肥量、土壤供肥状况、肥料的养分含量及肥料的利用率等有关。计算公式如下。

$$施肥量(千克/公顷)$$

$$=\frac{计划产量所需养分量(千克/公顷)-土壤当季供给养分量}{肥料养分含量(\%)\times 肥料利用率(\%)}$$

计划产量所需养分量可根据小麦生产 100 千克籽粒所需养分量来确定。土壤供肥状况一般以不施肥麦田产出小麦的养分量测知土壤提供的养分数量,并结合土壤养分全量和速效量估算土壤养分含量与供肥量的关系(表 10)。肥料利用率受肥料种类、配比、施用方法、时期、数量和土壤性质等因素的影响。在田间条件下,氮素化肥的当季利用率一般为30%～50%(实验室试验可达 80%),利用同位素相[15]N 试验,冬小麦氮肥利用率为 44%～50%,土壤固定 27%～35%,气态损失率6%～30%。磷肥当季利用率一般为 10%～20%,高者可达到25%～30%。钾肥多为 40%～70%。小麦氮肥利用率,随施肥期后延而提高;磷肥利用率受肥料与根系接触面大小的影响;有机肥的利用率因肥料种类和腐熟程度不同而差异很大,一般为20%～25%。此外各地研究表明,土壤基础养分随着不断大量施用有机肥和化肥而提高。但土壤中磷素的含量,随氮素的消耗而相应减少(磷素循环属于矿质循环,自然循环周期很长)。在北方原认为不缺磷的石灰性土壤,也发生磷素的亏缺,因而在中低产条件下,磷肥、氮肥配合施用,成为重要的增产措施。

又据山东省农业厅土肥站研究,每公顷产量在3000千克以下的低产田,氮磷比1:1时效果最好,平均每1千克磷肥增产5.25千克。而每公顷产量为3000～6000千克时,氮磷比以1:0.5效果最好,表明低产田磷素的突出作用。同样,在土壤缺钾低产田上,钾素的增产作用也很明显。

表10 不同肥力麦田土壤的供肥状况

| 不施肥麦田产量（千克/公顷） | 土壤提供养分量（千克/公顷） | | 施肥数量（千克/公顷） | | 施肥后产量（千克/公顷） | 土壤供肥占总吸收量(%) |
|---|---|---|---|---|---|---|
| | N | $P_2O_5$ | N | $P_2O_5$ | | |
| 1890～2850 | 52.5～82.5 | 18.8～30.0 | 120.0 | 60.0～120.0 | 4500～5775 | — |
| 3000～3500 | 90.0～105.0 | 30.0～37.5 | 120.0 | 60.0 | 5250～6750 | 55左右 |
| 3900～5000 | 112.5～150.0 | 37.5～52.5 | 120.0 | 少量 | >6000 | 70左右 |
| >5600 | 165.0～210.0 | 56.3～67.5 | <60.0 | 0.0 | 7500 | 85左右 |

**2. 施肥时期** 应根据小麦的需肥动态和肥效时期来确定。根据叶龄指标促控法,施肥时间与肥效作用部位的关系见表11。生育期间追肥,表现为随追肥时间出现相应的吸肥高峰和肥效作用。一般冬小麦生长期较长,播种前或播种时一次性施肥的麦田极易出现前期生长过旺而后期脱肥的现象。春麦由于营养生长过程很短,幼穗分化开始早,尤其是在没有灌溉的条件下,一次性重施种肥(或播前施肥),有很重要的作用。氮肥施用期推迟,植株经济器官和非经济器官的蛋白质含量均随之提高。磷肥施用时期则表现为做基肥(或种肥)时效果较好。但在严重缺磷的麦田,苗期追磷可促进"小老苗"的转化,但效果不如基肥。在后期追肥(包括叶面喷施),对提高粒重的效果较好。

**3. 施肥方法** 在重视施用有机肥,一般每公顷施用量在

30～45 立方米的基础上。对地力较瘦的农田,同时每公顷深施碳酸氢铵 375～750 千克,或用颗粒磷酸二铵 75～150 千克作种肥,均有显著的增产作用。

表 11   不同叶龄时期的施肥效应

| 施肥时期 | 肥效作用部位 | | | | | | |
|---|---|---|---|---|---|---|---|
| 主茎叶龄 | 叶位 | 鞘位 | 节位 | 分蘖 | 穗数 | 粒数 | 粒重 |
| 春一叶 | 2,3*,4 | 1,2*,3 | — | 增蘖* | 增穗 | — | — |
| 春二叶 | 3,4*,5 | 2,3*,4 | 1 | 增蘖 | 增穗* | — | — |
| 春三叶 | 4,5*,6 | 3,4*,5 | 1*,2 | — | 增穗* | — | — |
| 春四叶 | 5,6* | 4,5*,6 | 1,2*,3 | — | 增穗 | 增粒 | — |
| 倒二叶 | 6 | 5,6* | 2,3*,4 | — | — | 增粒* | 增重 |
| 旗  叶 | | 6 | 3,4*,5 | — | — | 增粒* | 增重 |
| 旗叶展开 | — | — | 4,5* | — | — | 增粒 | 增重* |

注:1. 施肥时期主茎叶龄为露尖 2 厘米;2. * 表示肥效作用大,无 * 标记的次之

# 三、小麦标准化灌溉

## (一)小麦的需水规律

小麦的需水规律与气候条件、冬麦和春麦类型、栽培管理水平及产量高低有密切关系。其特点表现在阶段总耗水量、日耗水量(耗水强度)及耗水模系数(各生育时期耗水占总耗水量的百分数)方面。由表 12 可以看出,冬小麦出苗后,随气温降低,日耗水量也逐渐下降,播种至越冬,耗水量占全生育期的 15% 左右。入冬后,生理活动缓慢、气温降低,耗水量进一步减少,越冬至返青阶段耗水量只占总耗水量的 6%～

8％,耗水强度在 10 立方米/公顷·日左右,黄河以北地区更低。返青以后,随气温升高,小麦生长发育加快,耗水量随之增加,耗水强度可达 20 立方米/公顷·日。小麦拔节以前温度低,植株小,耗水量少,耗水强度在 10～20 立方米/公顷·日,棵间蒸发占总耗水量的 30％～60％,150 余天的生育期内(约占全生育期的 2/3 左右),耗水量只占全生育期的 30％～40％。拔节以后,小麦进入旺盛生长期,耗水量急剧增加,并由棵间蒸发转为植株蒸腾为主,植株蒸腾占总耗水量的 90％以上,耗水强度达 40 立方米/公顷·日以上,拔节到抽穗 1 个月左右时间内,耗水量占全生育期的 25％～30％;抽穗前后,小麦茎叶迅速伸展,绿色面积和耗水强度均达一生最大值,一般耗水强度 45 立方米/公顷·日以上。抽穗至成熟在 35～40 天内,耗水量占全生育期的 35％～40％。春小麦一生耗水特点与冬小麦基本相同。春小麦在拔节前 50～70 天内(占全生育期的 40％～50％),耗水量仅占全生育期的 22％～25％,拔节至抽穗 20 天耗水量占 25％～29％,抽穗至成熟的 40～50 天内耗水量约占 50％。

表 12 小麦各生育时期耗水量及模系数

| 产量水平<br>(千克/公顷) | 项 目 | 播种—<br>越冬 | 越冬—<br>返青 | 返青—<br>拔节 | 拔节—<br>抽穗 | 抽穗—<br>成熟 | 全生<br>育期 |
|---|---|---|---|---|---|---|---|
| 7030<br>(冬小麦) | 阶段耗水<br>(立方米/公顷) | 791.3 | 341.4 | 762.0 | 1351.5 | 2012.5 | 5258.3 |
| | 日耗水量<br>(立方米/公顷) | 10.35 | 9.45 | 19.5 | 42.3 | 45.8 | — |
| | 模系数(％) | 15.04 | 6.47 | 14.51 | 25.71 | 38.27 | — |

| 产量水平<br>(千克/公顷) | 项 目 | 播种—<br>越冬 | 越冬—<br>返青 | 返青—<br>拔节 | 拔节—<br>抽穗 | 抽穗—<br>成熟 | 全生<br>育期 |
|---|---|---|---|---|---|---|---|
| 5485<br>(冬小麦) | 阶段耗水<br>(立方米/公顷) | 710.7 | 395.55 | 711.3 | 1373.4 | 1690.8 | 4881.8 |
| | 日耗水量<br>(立方米/公顷) | 9.3 | 10.95 | 18.3 | 42.9 | 34.6 | — |
| | 模系数(%) | 14.56 | 8.10 | 14.57 | 28.13 | 34.64 | |
| 5240<br>(冬小麦) | 阶段耗水<br>(立方米/公顷) | 663.8 | 307.8 | 503.1 | 1343.4 | 1678.2 | 4496.3 |
| | 日耗水量<br>(立方米/公顷) | 8.7 | 8.55 | 12.9 | 42.0 | 38.1 | — |
| | 模系数(%) | 14.76 | 6.85 | 11.19 | 29.88 | 37.3 | |
| 3000～5200<br>(春小麦) | 阶段耗水<br>(立方米/公顷) | — | 1153.3 | | 1277.1 | 2375.3 | 4805.7 |
| | 日耗水量<br>(立方米/公顷) | | 19.21 | | 70.98 | 51.63 | |
| | 模系数(%) | | 24.0 | | 26.6 | 49.4 | |

注：春小麦为宁夏回族自治区永宁县所产,数据为平均值。

## (二)小麦标准化生产的灌溉技术

**1. 北方麦区** 北方地区年降水量分布不均衡,小麦生育期间降水量只占全年降水量的 25%～40%,仅能满足小麦全生育期耗水量的 1/3～1/5,尤其在小麦拔节至灌浆中后期的耗水高峰期,正值春旱缺雨季节,土壤贮水消耗大。因此,北方麦区小麦整个生育期间土壤水分含量变异大,灌水与降水效应显著,小麦生育期间的灌溉是十分必须的。麦田灌溉技术主要涉及灌水量、灌溉时期和灌溉方式。

小麦灌水量与灌溉时期主要根据小麦需水、土壤墒情、气候、苗情等来定。灌水总量按水分平衡法来确定，即：灌水总量＝小麦一生耗水量－播前土壤贮水量－生育期降水量＋收获期土壤贮水量。灌溉时期根据小麦不同生育时期对土壤水分的不同要求(表13)来掌握，一般出苗至返青，要求在田间最大持水量的75％～80％，低于55％则出苗困难，低于35％则不能出苗。拔节至抽穗阶段，营养生长与生殖生长同时进行，器官大量形成，气温上升较快，对水分反应极为敏感，该期适宜的田间持水量为70％～90％，低于60％时会引起分蘖成穗与穗粒数的下降，对产量影响很大。开花至成熟期，宜保持土壤水分不低于70％，有利于灌浆增重，低于70％易造成干旱逼熟，导致粒重降低。为了维持土壤的适宜水分，应及时灌水。一般生产中常年补充灌溉4～5次(底墒水、越冬水、拔节水、孕穗水、灌浆水)，每次每公顷灌水量600～750立方米。从北方水资源贫乏和经济高效生产考虑，一般灌溉方式均采用节水灌溉。节水灌溉是在最大限度地利用自然降水资源的条件下，实行关键期定额补充灌溉。根据各地试验，一般越冬水和孕穗水最为关键。另外，在水源奇缺的地区，应采用喷灌、滴灌、地膜覆盖管灌等技术，节水效果更好。

**2. 南方麦区**　小麦生育期降水较多，除由于阶段性干旱需要灌水外，一般春夏之交的连阴雨，往往出现"三水"(地面水、潜层水和地下水)，易发生麦田涝渍害，一直是该地区小麦产量形成的制约因素，因此，必须实施麦田排水。麦田排涝防渍的主要措施有5点：一要做好麦田排涝防渍的基础工程，做到明沟除涝，暗沟防渍，降低麦田"三水"；二要健全麦田"三沟"(腰沟、畦沟和围沟)配套系统，要求沟沟相通，依次加深，主沟通河,既能排出地面水、潜层水,又能降低地下水位;三要改良土壤,增施有机肥,增加土壤孔隙度和通透性;四要培育壮苗,提高麦苗抗涝渍能力;五要选用早熟耐渍的品种及沿江水网地区麦田连片种植。

表13　冬小麦各生育时期的适宜土壤水分
（占田间最大持水量的百分数）

| 生 育 时 期 | 出 苗 | 分蘖—越冬 | 返青 | 拔节 | 抽穗 | 灌浆—成熟 |
|---|---|---|---|---|---|---|
| 适宜范围(%) | 75～80 | 60～80 | 70～85 | 70～90 | 75～90 | 70～85 |
| 显著受影响的土壤水分含量(%) | 60 以下 | 55 以下 | 60 以下 | 65 以下 | 70 以下 | 65 以下 |
| 土层深度(厘米) | 20～40 | 40～60 | 40～60 | 40～60 | 80～100 | 100～120 |

# 四、小麦生产田间标准化管理

在小麦生长发育过程中,麦田管理有三个任务:一是通过肥水等措施满足小麦的生长发育需求,保证植株良好发育;二是通过保护措施防御(治)病虫草害和自然灾害,保证小麦正常生长;三是通过促控措施使个体与群体协调生长,并向栽培的预定目标发展。根据小麦生长发育进程,麦田管理可划分为苗期(幼苗阶段)、中期(器官建成阶段)和后期(籽粒形成、灌浆阶段)三个阶段。

## (一)小麦苗期的标准化管理

**1. 苗期的生育特点与调控目标**　冬小麦苗期有年前(出苗至越冬)和年后(返青至起身前)两个阶段。这两个阶段的特点是以长叶、长根、长蘖的营养生长为中心,时间长达150余天。出苗至越冬阶段的调控目标是:在保证全苗基础上,促苗早发,促根增蘖,安全越冬,达到预期产量的壮苗指标。一般壮苗的特点是,单株同伸关系正常,叶色适度。冬性品种,主茎叶片要达到7～8叶,4～5个分蘖,8～10条次生根;半冬性品种,主茎叶片要达到6～7叶,3～4个分蘖,6～8条次生根;春性品种主茎要达到5～6叶,2～3个分蘖,4～6条次生根。群体要求,冬前总茎数为成穗数的1.5～2倍,常规栽培下为1050万～1350万/公顷,叶面积指数1左右。返青至起身阶段的调控目标是:早返青,早生新根、新蘖,叶色葱绿,长势苗壮,单株分蘖敦实,根系发达。群体总茎数达1350万～1650万/公顷,叶面积指数2左右。

**2. 苗期管理措施**

(1)查苗补苗,疏苗补缺,破除板结　小麦齐苗后要及时查苗,如有缺苗断垄,应催芽补种或疏密补缺,出苗前遇雨应及时松土破除板结。

(2)灌冬水　越冬前灌水是北方冬麦区水分管理的重要措施,保护麦苗安全越冬,并为早春小麦生长创造良好的条件。浇水时间在日平均气温稳定在3℃～4℃时,水分夜冻昼消利于下渗,防止积水结冰,造成窒息死苗。如果土壤含水量高而麦苗弱小可以不浇。

(3)耙压保墒防寒　北方广大丘陵旱地麦田,在小麦入冬停止生长前及时进行耙压覆沟(播种沟),壅土盖蘖保根,结合镇压,以利于安全越冬。水浇地如果地面有裂缝,造成失墒严重时,越冬期间需适时耙压。

(4)返青管理　北方麦区返青时须顶凌耙压,起到保墒与促进麦苗早发稳长的目的。一般已浇越冬水的麦田或土壤墒情好的麦田,不宜浇返青水,待墒情适宜时锄划。缺肥黄苗田可趁春季解冻"返浆"之机开沟追肥。旱年、底墒不足的麦田可浇返青水。

(5)异常苗情的管理　异常苗情,一般指僵苗、小老苗、黄苗、旺苗。僵苗指生长停滞,长期停留在某一个叶龄期,不分蘖,不发根。小老苗指生长出一定数量的叶片和分蘖后,生长缓慢,叶片短小,分蘖同伸关系被破坏。形成以上两种麦苗的原因是:土壤板结,透气不良,土层薄,肥力差或磷、钾养分严重缺乏。可采取疏松表土,破除板结,结合灌水,开沟补施磷、钾肥。对生长过旺麦苗及早镇压,控制水肥。对地力差,由于早播形成的旺苗,要加强管理,防止早衰。因欠墒或缺肥造成的黄苗,酌情补肥水。

## (二)小麦中期的标准化管理

**1. 中期生育特点与调控目标**　小麦生长中期是指起身、拔节至抽穗前。该阶段的生长特点是根、茎、叶等营养器官与小穗、小花等生殖器官的分化、生长、建成同时进行。在这个阶段由于器官建成的多向性,小麦生长速度快,生物量骤增,带来了群体与个体的矛盾,以及整个群体生长与栽培环境的矛盾,形成了错综复杂相互影响的关系。这个阶段的管理不仅直接影响穗数、粒数的形成,而且也将关系到中后期群体和个体的稳健生长与产量形成。

这个阶段的栽培管理目标是:根据苗情,适时、适量地运用水肥管理措施,协调地上部与地下部、营养器官与生殖器官、群体与个体的生长关系,促进分蘖两极分化,创造合理的群体结构,实现秆壮、穗齐、穗大,并为后期生长奠定良好基础。

## 2. 中期管理措施

(1)起身期　小麦基部节间开始伸长,麦苗由匍匐转为直立,故称为起身期。起身后生长加速,而此时北方正值早春,是风大、蒸发量大的缺水季节,水分调控显得十分重要。若水分管理适宜可提高分蘖成穗和穗层整齐度,促进3、4、5节伸长,促使腰叶、旗叶与倒二叶的增大,还可提高穗粒数。对群体较小、苗弱的麦田,要适当提早施起身肥、浇起身水,提高成穗率;但对旺苗、群体过大的麦田,要控制肥水。在第一节刚露出地面1厘米时进行镇压,深中耕切断浮根,也可喷洒多效唑或壮丰胺等生长延缓剂。这些措施可以促进分蘖两极分化,改善群体下部透光条件,防止过早封垄而发生倒伏;对一般生长水平的麦田,在起身期浇水施肥,追氮肥施入总量的1/3~1/2。旱地在麦田起身期要进行中耕除草、防旱保墒。

(2)拔节期　此期结实器官加速分化,茎节加速生长,要因苗管理。在起身期追过水肥的麦田,只要生长正常,拔节水肥可适当偏晚,在第一节定长第二节伸长的时期进行;对旺苗及壮苗也要推迟拔节水肥;对弱苗及中等麦田,应适时施用拔节肥水,促进弱苗转化。旱地的拔节前后正是小麦红蜘蛛危害高峰期,要及时防治,同时要做好吸浆虫的掏土检查与预防工作。

(3)孕穗期　小麦旗叶抽出后就进入孕穗期,此期是小麦一生叶面积最大、幼穗处于四分体分化、小花向两极分化的需水临界期,又正值温度骤然升高、空气十分干燥,土壤水分处于亏缺期(旱地)。此时水分需求量不仅大,而且要求及时,生产上往往由于延误浇水,造成较明显的减产。因此,旺苗田、高产壮苗田,以及独秆栽培的麦田,要在孕穗前及时浇水。在孕穗期追肥,要因苗而异,起身拔节已追肥的可不施,麦叶发黄、氮素不足及株型矮小的麦田可适量追施氮肥。

### (三)小麦后期的标准化管理

**1. 后期生育特点与调控目标**　后期指从抽穗开花到灌浆成熟的这段时期。此期的生育特点是以籽粒形成为中心，完成小麦的开花受精、养分运输、籽粒灌浆和产量的形成。抽穗后，根茎叶生长基本停止，生长中心转为籽粒发育。据研究，小麦籽粒产量70%～80%来自抽穗后的光合产物累积，其中旗叶及穗下节是主要光合器官，增加粒重的作用最大。因此，该阶段的调控目标是：保持根系活力，延长叶片功能期，抗灾、防病虫害，防止早衰与贪青晚熟，促进光合产物向籽粒运转、增加粒重。

**2. 后期管理措施**

(1)浇好灌浆水　抽穗至成熟耗水量占总耗水量的1/3以上，每公顷日耗水量达35立方米左右。经测定，在抽穗期，土壤(黏土)含水量17.4%的比含水量15.8%的旗叶光合强度高28.7%。在灌浆期，土壤含水量18%的比含水量10%的光合强度高6倍；茎秆含水量降至60%以下时灌浆速度非常缓慢；籽粒含水量降至35%以下时灌浆停止。因此，应在开花后15天左右即灌浆高峰前及时浇好灌浆水，同时注意掌握灌水时间和灌水量，以防倒伏。

(2)叶面喷肥　小麦生长的后期仍需保持一定营养供应水平，延长叶片功能与根系活力。如果脱肥会引起早衰，造成灌浆强度提早下降，后期氮素过多，碳氮比失调，易贪青晚熟，叶病与蚜虫危害也较严重。对抽穗期叶色转淡，氮、磷、钾供应不足的麦田，可用2%～3%尿素溶液，或用0.3%～0.4%磷酸二氢钾溶液，每公顷使用750～900升进行叶面喷施，可增加千粒重。

（3）防治病虫危害　后期白粉病、锈病、蚜虫、黏虫、吸浆虫等都是导致粒重下降的重要因素，应及时进行防治。

## 五、小麦标准化生产中的防灾减灾措施

小麦生产上，由于气候、天气的异常变化或栽培技术的运用不当等多方面原因，经常发生多种灾害，直接影响到小麦的正常生长发育或产量、品质的形成，必须采取有效措施才能减轻灾害的危害。目前，小麦生产上发生的灾害主要有冻害、前期旺苗、后期倒伏、干旱、湿（渍）害、干热风及高温逼熟等。

### （一）小麦冻害

小麦冻害是我国小麦生产上的主要气象灾害之一，它发生频繁、面积大、危害重，严重影响和制约小麦的生产。近年来，小麦冻害发生有加重的趋势，如在2003年和2005年我国冬小麦主产区大面积发生早霜冻害，面积共达80多万公顷，近10万公顷几乎绝收。2007年小麦主产区在3～4月份又连续两次发生大面积晚霜冻害，小麦生产损失惨重。

#### 1. 小麦冻害类型与特征

（1）冬季冻害及特征　冬季冻害指小麦进入冬季后至越冬期间，由于降温引起的冻害。在我国北方气候严寒，冬季最低气温下降至−20℃左右，小麦常会被冻死，麦田死苗现象较为普遍。适期播种的小麦冬季遭受冻害，一般只冻干叶片，只有在冻害特别严重时才出现死蘖、死苗现象。分蘖受冻死亡的顺序为先小蘖后大蘖再主茎，最后冻死分蘖节。冬季冻害的外部症状表现明显，叶片干枯严重，一般叶片先发生枯黄，

而后分蘖死亡。根据小麦冻害程度受极端最低气温、低温持续时间和是否冷暖骤变三个因素的影响,将冬季小麦冻害分为冬季严寒型、初冬温度骤降型和越冬交替冻融型三个类型。

①冬季严寒型 指冬季麦田3厘米深处地温降至-15℃～-25℃时发生的冻害。冬季持续低温并多次出现强寒潮,风多雪少,加剧土壤干旱,小麦分蘖节处在冷暖骤变的上层土壤中致使小麦严重死苗、死蘖,甚至导致地上部严重枯萎,成片死苗。

②初冬温度骤降型 又称早霜冻害。指在小麦刚进入越冬期,日平均气温降至0℃以下,最低气温达-10℃以下,麦苗因未经抗寒锻炼,叶片迅速青枯,早播旺苗可冻伤幼穗生长锥。

③越冬交替冻融型 指小麦正常进入越冬期后,虽有较强的抗寒能力,但一旦出现回暖天气,气温增高,土壤解冻,幼苗又开始缓慢生长,抗寒性减弱。暖期过后,若遇大幅度降温,当气温降至-13℃～-15℃时,就会发生较严重的冻害。一般多发生在12月下旬至第二年1月底。

(2)春季冻害及特征 春季冻害,也称晚霜冻害,是小麦在返青至拔节时期,因寒潮来临降温发生的晚霜冻危害。根据发生冻害的早晚又可分为早春冻害和春末晚霜冻害。早春冻害发生较为频繁,且程度重,多发生在2月中下旬至3月上旬;春末晚霜冻害多发生于3月下旬至4月上旬。由于此时气温已逐渐转暖,小麦已先后完成了春化阶段和光照阶段发育,完成春化阶段发育后抗寒能力显著降低,通过光照阶段后开始拔节,完全失去抗御0℃以下低温的能力,当寒潮来临时,夜间晴朗无风,地表温度骤降至0℃以下,便会发生春季冻害。通常又把晚霜冻害叫"倒春寒"。近几年,随着品种的更换,春性品种的比例增大,小麦春季冻害已成为限制产量的重要因素,有时比冬季冻害更为严重。因此,做好春季冻害测报,并采取相应措施加以防御或补救,是春季麦田管理的重要措施之一。根据地表寒潮气流发生的不同,霜冻可分为平流型、辐射型和混合型。

①平流型　指由北方冷空气南下,寒潮大量侵入所引起的低于或接近0℃的剧烈降温所导致的霜冻,危害地区比较大,地区小气候差异小,持续时间可达3～4天。地势较高和风坡面的小麦受害尤为严重。

②辐射型　由夜间辐射降温引起的,通常发生在晴朗无风的夜晚,地面辐射强烈,近地层急剧降温而产生,对低洼、谷地和盆地的小麦危害严重。

③混合型　通常是由于北方冷空气侵入引起气温急剧降低,夜间又遇天晴、风静、强烈的辐射降温而发生的霜冻。一般是在天空浓云密雾或含水量很大时,由于地表散失热量的反射因素,减少了地面热的散失,当寒潮过后天气转晴时,夜晚地面温度骤然降低而形成的。目前小麦霜冻危害多属此种类型。由于盆地和谷地易积聚冷空气,霜冻重于高地和坡地,霜冻后升温越快,受害越严重。

(3)低温冷害及特征　低温冷害指小麦生长进入孕穗阶段,因遭受0℃以上低温发生的,致使幼穗和旗叶遭到伤害,气象上称之为冷害。此时穗分化处于花粉母细胞减数分裂时期,时间多发生在4月中下旬。由于小麦拔节后至孕穗挑旗阶段,组织幼嫩、含水量较大,抵抗低温能力大大削弱。小麦幼穗发育至四分体形成期(孕穗期)前后,要求日平均气温10℃～15℃,此时对低温和水分缺乏极为敏感,尤其对低温特别敏感,若最低气温低于5℃就会受害,一般4℃以下的温度就可能对其造成伤害。小麦发生低温冷害的特点是茎叶部分无异常表现,受害部位多为穗部。主要表现为:小穗枯死,形成"哑巴穗",即幼穗干死在旗叶叶鞘内;出现白穗,抽出的穗只有穗轴,小穗全部发白枯死;出现半截穗,抽出的穗仅有部分结实,不孕小花数大量增加,减产严重。

**2. 减轻小麦冻害的防御措施** 冻害是由于越冬生态条件超出了冬小麦抗寒能力而引起的,小麦的冻害程度主要取决于降温强度和低温持续时间长短,与品种、播期、播量、土壤、耕作质量及水肥管理等方面有很大关系。因此,防御冻害总的来说就是使麦苗与越冬生态条件相适应。防御冻害可采取以下一些措施。

(1)培育和选用抗寒品种,搞好品种合理布局 培育和选用抗寒耐冻品种,是防御小麦冻害的根本保证。各地要严格遵循先试验、再示范和推广的用种方法,结合当地历年冻害发生的类型、频率和程度及茬口早晚情况,调整品种布局,半冬性、春性品种合理搭配种植。对冬季冻害易发麦区,宜选用抗寒性强的半冬性品种;在易发生春霜冻害麦区,生产上应选用或搭配种植耐晚播、拔节较晚而抽穗不晚的品种。这些品种有较强的抗寒性,而一些拔节早的偏春性品种只可作为搭配品种种植。

(2)根据品种春化特性,合理安排播期和播量 根据历年多次小麦冻害调查发现,冻害减产严重的地块多半是因使用春性品种且播种过早、播种量过大引起的。特别是苗期气温较高的年份,麦苗生长较快,群体较大,春性品种易提早拔节,甚至会出现年前拔节的现象,因而难以避过冬、春间的寒潮袭击。因此,生产上要根据不同品种,选择适当播期,并注意中长期天气预报。暖冬年份适当推迟播种,人为控制小麦生育进程,并结合前茬作物腾茬时间,做到合理安排播期和播量。

(3)提高整地质量和播种质量,培育壮苗越冬 土壤结构良好、整地质量高的田块受冻害危害轻;土壤结构不良,整地粗糙,土壤翘空或龟裂缝隙大的田块受冻害危害重。机播和人工撒播受冻害危害的程度不同。机械条播由于播种深浅一致、出苗整齐、苗壮、群体与个体生长协调,受冻害危害轻;反之,撒播田块受冻害危害重。播种时麦田不平整,低处易播浅或积水,高处易播深或受旱。因此,平整土地有利于提高播种质量,减少“四籽”(缺籽、深籽、露籽和丛籽)现象,可以降低冻害死苗率。

旺苗、老弱苗易遭受冻害。壮苗则很少受冻,因此壮苗是麦苗安全越冬的基础。适时、适量、适深播种,培肥土壤,改良土壤性质和结构,施足有机肥和无机肥,合理运筹肥水和播种等综合配套技术,是培育壮苗的关键技术措施。实践证明,小麦壮苗越冬,因植株内养分含量积累多,分蘖节含糖量高,壮苗与早旺苗、晚弱苗相比,具有较强的抗寒力。即使遭遇不可避免的冻害,其受害程度也大大低于早旺苗和晚弱苗。由此可见,培育壮苗既是小麦高产的技术措施,又是防灾减损的重要措施。

(4)灌水防霜冻 由于水的热容量比空气和土壤热容量大,灌水能使近地层空气中水汽增多,在发生凝结时,放出潜热,可减小地面温度变化幅度。同时,灌水后土壤水分增加,土壤导热能力增强,使土壤温度增高。据调查,霜冻前灌水可提高麦田近地面温度 2℃～4℃,具有减轻冻害的作用。因此,防止冻害可根据天气预报在初霜冻和倒春寒到来之前1~2天,用小水浇灌麦田(有喷灌条件的地方提倡喷灌)。般沙地、高岗地应晚浇,黏土地、低洼地应早浇,土壤墒情好的可以不浇。

(5)适时中耕保墒　中耕松土,蓄水提温,能有效增加分蘖数,弥补主茎损失。冬锄与春锄,既可以消灭杂草,使水肥得以集中利用,减少病虫害发生,还能起到消除板结,疏松土壤,增强土层通气性,提高地温,蓄水保墒的作用。

(6)镇压防冻　镇压能有效调节土壤水分、空气和温度,是小麦栽培的一项重要农艺措施。它能够破碎土块,踏实土壤,增强土壤毛管作用,提升下层水分,调节耕层孔隙,填封土壤裂缝,防止冷空气入侵土壤,增大土壤热容量和导热率,平抑地温,增强麦田耐寒、抗冻和抗旱性能,减少越冬死苗。镇压时应结合土质、墒情、苗情与天气灵活掌握。盐碱地不能镇压,镇压后容易引起返盐,恶化土壤透气性,影响麦苗生长。土质黏重、表土板结干硬的麦田不宜镇压,以免对麦苗损伤过重。漏风淤地透风跑墒,可重压;两合土、沙壤土耕性好,应轻压;风沙土跑墒、吊根,应适当重压。整地质量差,土壤翘空要重压;整地质量好的可轻压。土壤墒情差的应重压,墒情好的可轻压,土壤过湿不能压。一般 0～10 厘米土壤含水量达17%的地块不可镇压,以免造成板结。旺苗控上促下连续压,壮苗促根防旺酌情压,弱苗防旱防冻宜轻压。一般情况下弱苗不镇压,苗小无蘖不能压,苗大无蘖宜重压,拔节以后不能压。冬季镇压一般应在封冻前的晴天午后进行,春季镇压在解冻后进行。

(7)增施磷、钾肥,做好越冬覆盖　增施磷、钾肥,增强小麦抗低温能力。"地面盖层草,防冻保水抑杂草"。在小麦越冬时,将粉碎的作物秸秆撒入行间,或撒施暖性农家肥(如土杂肥、厩肥等),可保暖、保墒,保护分蘖节不受冻害,对防止杂草第二年春季旺长具有良好作用。

**3. 小麦冻害的补救措施** 根据小麦受冻的情况不同,应采用不同的补救技术措施,可以减轻冻害的损失。

(1)严重死苗麦田的补救措施 对于冻害死苗严重、每公顷茎蘖数少于300万的麦田,尽可能在早春补种,点片死苗可催芽补种或在行间串种。每公顷存活茎蘖数300万以上且分蘖较均匀的麦田,不要轻易改种,应加强管理,提高分蘖成穗率。对于3月份才能断定需要翻种的地块,只好改种春棉花、春花生、春甘薯等作物。

(2)旺苗受冻麦田的补救措施 对受冻旺苗,应于返青初期用耙子狠搂枯叶,促使麦苗新叶见光,尽快恢复生长,但要禁止牲畜啃吃麦苗。同时应在日平均气温升到3℃时适当早浇返青水并结合追肥,促进新根新叶长出。虽然主茎死亡较多,但只要及时加强水肥管理,保存活的主茎、大分蘖,促发小分蘖,仍可争取较高产量。

(3)晚播弱苗受冻麦田的补救措施 加强对晚播弱苗麦田的增温防寒工作,如撒施农家肥,保护分蘖节不受冻害。同时,早春不可深松土,以防断根伤苗。

(4)年前已拔节的麦苗的补救措施 土壤解冻后,应抓紧晴天进行镇压,控制地上部生长,延缓其幼穗发育并追加土杂肥等,保护分蘖节和幼穗。或结合冬前化学除草喷一次矮壮素、多效唑($PP_{333}$)或壮丰胺,控制基部节间伸长,增强麦株抗寒能力。

## (二)小麦旺苗

**1. 旺苗的成因和特征**

(1)旺苗形成的原因

①气温偏高 由于从小麦播种到越冬,气温较常年同期

偏高,使适期播种的小麦生长偏旺。

②播种期偏早　由于部分麦区秋种期间墒情较好,农民急于抢墒播种而提早播期,造成小麦冬前旺长。

③播量偏大　播种量偏大,造成基本苗太多,加之播后温度持续偏高,麦苗生长和分蘖加快,导致群体过大。一般每公顷冬前麦田群体总茎蘖数达到 1 200 万以上。

④品种特性　从品种特性来看,对于春性强的品种,早播易形成旺苗。

(2)旺苗的特征　小麦旺长可以从个体形态、群体状况及生育指标上判断。近看麦苗,叶片长而大,叶鞘长而薄,假茎长而扁,叶片披散,植株很高;远看郁郁葱葱,麦田封垄。越冬期麦苗主茎 8 叶以上,每公顷群体总茎蘖数 1 500 万个以上的麦田可视为旺长麦田。旺苗会导致以下后果。

①易遭受冻害　旺苗小麦生育进程加快,提前结束春化阶段,提前拔节,小麦抗寒能力降低,越冬期和早春如果遇到低温寒潮,主茎和大分蘖容易被冻死。

②易转化为弱苗　旺苗由于叶片、分蘖和叶鞘旺盛生长,消耗大量养分,经过一段时间后会转化为弱苗。如果控制不好或温度持续偏高,可能在春节前后拔节,易受冻害。

③容易发生倒伏　旺苗群体大,常造成田间郁闭,小麦株内行间通风透光不良,茎秆软弱,生育后期易发生倒伏。

**2. 控制麦田旺长的主要技术措施**

(1)镇压　冬前镇压可以抑制叶片和叶鞘生长,控制分蘖过多增生,同时可以破碎坷垃,弥合裂缝,保温保墒,促进根系发育。可用石磙或机械(如将耙翻过来),在晴好天气的上午10 点以后、无霜冻时镇压。镇压次数视苗情而定,一般旺苗麦田镇压 1～2 次即可。

（2）划锄（中耕）　可以切断部分根系,减少植株吸收养分,抑制地上部分生长。可在封冻之前划锄,要有一定深度,一般可达 10 厘米左右。一般先划锄后镇压的效果好。

（3）化学调控　对旺长严重的麦田可在越冬期和春季拔节前化学调控。早春群体过大、有倒伏危险的麦田,可在小麦返青后划锄和镇压,小麦起身后、拔节前适当喷施植物生长延缓剂（如壮丰胺、多效唑等）,控制麦苗旺长,缩短基部节间,降低株高,防止倒伏。目前生产上应用较多的是 20%壮丰胺乳油,每公顷用量 450～600 毫升,对水 450～600 升进行叶面喷洒。特别注意要掌握好喷药时期,过早过晚都不利,同时要注意合理用量并喷洒均匀,防止发生药害。

### （三）小麦倒伏

**1. 倒伏的原因**　随着小麦产量水平的提高,如果品种选用或栽培技术运用不当,高产与倒伏的矛盾依然存在。近年来,小麦每年都有不同程度的倒伏面积。据统计,全国每年大约有 20%面积的小麦发生倒伏。

小麦倒伏分为根倒伏和茎倒伏两种。根倒伏是由于耕作层太浅,土壤结构不良,播种过浅或土壤水分过多不利于根系发育造成的。而茎倒伏则是由选用基部节间过长、不抗倒伏的高秆品种;或氮肥施用过多,密度过大,追肥时间不当,造成田间郁闭,通风透光不良,使得小麦基部节间过长、柔嫩所致。另外,不良气候（如大暴风雨等）和小麦纹枯病也是引发小麦倒伏的主要原因。尽管小麦倒伏现象出现在生育后期,但造成倒伏的原因却发生在前中期。

小麦倒伏会使后期功能叶加快死亡,籽粒灌浆受阻,干物质积累减少;同时由于倒伏会使根系与基部茎秆受伤,吸收功能和输导组织均受影响,光合产物向穗部运输受阻,因而导致小麦粒重降低,产量下降。另外,倒伏还影响正常的收获作业,如果遇连阴雨天气更易发生穗发芽。

**2. 预防倒伏的技术措施** 预防小麦倒伏必须从选用良种和优化栽培技术全面考虑。预防倒伏的主要技术措施是:一要提高整地、播种质量,选用高产、耐肥、抗倒伏的中矮秆品种;二要科学运筹肥水,防止氮肥过量,实行配方平衡施肥,严格掌握追肥时间,避免在起身期追肥;三要扩行精播,合理密植,培育壮苗,建立适宜的群体结构,协调群体、个体健康生长;四要防治小麦病虫害,特别是要及时防治小麦纹枯病;五是应用化学调控技术,看苗喷洒多效唑、壮丰胺等植物生长调节剂以缩短基部节间长度,增加茎壁厚度和抗倒伏性。

### (四)小麦干旱

在小麦生长发育过程中,由于经常遭遇长期无雨,土壤水分匮缺,使小麦的生长发育异常乃至萎蔫死亡,大幅度减产。

**1. 小麦干旱形成的原因** 干旱是由大气干旱和土壤干旱造成的。大气干旱是由于在小麦生长季节降水太少,空气过度干燥,相对湿度低于 20%,或是由大气干旱伴随高温造成的。如上述情况持续时间较长,就会引起土壤干旱。土壤干旱是指土壤中缺乏植株可利用的有效水分,一般认为土壤水分低于田间最大持水量的 50%以下时,就会发生小麦旱灾。

**2. 小麦干旱发生的时期** 小麦受旱主要发生在两个时期:即播种出苗期和孕穗至灌浆结实期。

(1)播种出苗期 北方麦区遇旱几率为 2~3 年一遇,往往形成"种不下、出不来、保不住"的局面。由于播种期遭遇干旱,土壤水分不足,种子不能吸收足够的水分满足出苗的需要,往往不能实现播后一次出苗;出苗后麦苗发根少、出叶速度慢、分蘖迟迟不发,且经常出现缺位蘖,不利于壮苗的形成,严重时甚至会死苗。

(2)孕穗至灌浆结实期　此时期发生干旱会直接影响小麦的正常开花结实和光合产物形成、运转和分配,经常会导致小麦早衰,使小麦灌浆期缩短而影响粒重,甚至早枯死亡。

**3. 预防小麦旱灾的措施**　抵御小麦干旱要立足于改良土壤结构,增施有机肥料,增加土壤蓄水保水能力,提高自然降水的利用效率;对水源缺乏地区要选用抗旱性较强的品种、培育壮苗和采用保护性栽培技术等;对有浇灌条件的地区要及时灌水。围绕争五苗(早、全、齐、匀、壮苗)要求做到以下几点。

(1)抢墒播种　只要土壤含水量在田间最大持水量的50%以上,或虽达不到,但播后出苗期有灌溉条件的田块,均应抢墒播种。旱茬麦要适当减少耕耙次数,耕、整、播、压作业不间断地同步进行;稻茬麦采取免耕机条播技术,一次完成灭茬、浅旋、播种、覆盖和镇压等作业工序。

(2)造墒播种　对耕层土壤含水量低于田间最大持水量的50%,不能依靠底墒出苗的田块,要采取多种措施造墒播种。主要有以下五种方法:一是有自流灌溉地区实行沟灌、漫灌,速灌速排,待墒情适宜时用浅旋耕机条播;二是低蓄水位或井灌区,采取抽水浇灌(水管喷浇或泼浇),次日播种;三是水源缺乏地区,先开播种沟,然后顺沟带水播种,再覆土镇压保墒;四是稻茬麦地区要灌好水稻成熟期的跑马水,以确保在水稻收获前7～10天播种,收稻时及时出苗;五是对已经播种但未出苗或未齐苗的田块窨灌出苗水或齐苗水,注意不可大水漫灌,以防烂芽、闷芽。对地表结块的田块要及时松土,保证出齐苗。

(3)物理抗旱保墒　持续干旱无雨条件下,底墒或造墒播种,播种后出不来或出苗保不住的麦田,可在适当增加播种深度2～3厘米前提下再采取镇压保墒。一般播种后及时镇压,可使耕层土壤含水量提高2％～3％。播后用稻草、玉米秸秆或土杂肥覆盖等,不仅能有效地控制土壤水分的蒸发,还有利于增肥改土、抑制杂草、增温防冻等;如果在小麦出苗后结合人工除草搂耙松土,切断土壤表层毛细管,减少土壤水分蒸发,可达到保墒的目的。

(4)化学抗旱　根据目前试验结果,在干旱程度较轻的情况下,通过选用化学抗旱剂拌种或喷施,不仅可以在土壤含水量相对较低条件下早出苗、出齐苗,而且促根增蘖快,具有明显的壮苗增产效果。当前应用比较成功的有抗旱剂 FA 和保水剂两种。

(5)播后及时管理　由于受到抗旱秋播条件的限制,播种水平、出苗质量、技术标准难以到位,必须及早抓好查苗补苗等工作,确保冬前壮苗,提高土壤水分利用率。出苗分蘖后遇旱,坚持浇灌、喷灌或沟灌,避免大水漫灌,防止土壤板结而影响根系生长和分蘖的发生;中后期严重干旱的麦田以小水沟灌至土壤湿润为度,水量不宜过大,浸水时间不应过长,以防气温骤升而发生高温逼熟或遭遇大雨后引起倒伏。

### (五)小麦湿(渍)害

所谓小麦湿(渍)害是指土壤水分达到饱和时对小麦正常生长发育产生的危害。湿(渍)害是危害世界许多国家小麦生产的重大灾害,我国也是受湿(渍)害严重的国家。长江中下游麦区是我国的小麦主产区之一,播种面积约占全国小麦播种总面积的 15％。小麦中后期,降水过多造成的湿(渍)害,是该麦区小麦高产、稳产的主要限制因素。一方面,由于稻、麦两熟耕作制大面积扩大推广,前作水稻使土壤浸水时间长,土壤黏重,渗水困难,透气性差易使小麦出现湿害。另一方面,由于常年该地区降水量的大部分(500～800 毫米)集中于小麦生长的中后期,大大超过了小麦正常需水量,造成湿(渍)害。如江苏省淮南麦区,小麦拔节至成熟阶段有些年份平均 2～2.5 天就有一个雨天。另据江苏省气象资料统计表明,10 年中有 7 年都是因湿害而导致小麦严重减产。安徽省稻、麦两熟区在 66 万公顷以上,每年因湿害造成小麦减产幅度达 20％左右,严重年份(如 1991 年)甚至造成大面积绝收。湿(渍)害也是湖北省小麦生产上最常见的自然灾害之一。河南省 34 年资料统计分析,因湿(渍)害造成减产年份有 24 年,占 75％。湿(渍)害还会严重影响小麦籽粒形成、灌浆与成熟,降低籽粒品质。许多学者研究中后期湿(渍)害造成小麦减产的主要原因是根系生长发育受阻,根系活动衰老加快,小麦早衰、病虫草害加剧,使矿质营养和体内有机营养失调,大量的小花退化,结实粒数锐减,粒重和产量下降,品质也变劣。

## 1. 影响小麦耐湿(渍)性的因素

(1)品种(基因型)  不同品种耐湿(渍)性有显著差异。一般耐湿(渍)性强的品种有较强的根系活力、光合能力及有机物合成能力,湿(渍)害解除后这些指标均可得到一定程度恢复。另外,还可保持一定的气孔开张度并有迅速恢复的能力。

(2)生育时期  许多学者在小麦不同生育阶段给予湿(渍)害处理,发现孕穗期(拔节后 15 天至抽穗期)湿(渍)害对产量的影响最大。主要表现为单穗实粒数锐减,粒重严重下降。因此,认为孕穗期是小麦湿(渍)害临界期,其次是开花期和灌浆期。孕穗期以前小麦发根力强,新老根系的更替快,所以湿(渍)害较轻。孕穗期后小麦根系已趋衰老,如果湿(渍)害重,会使产量下降。

(3)温度　温度升高,氧气在水中的溶解度下降,土壤微生物和小麦的呼吸耗氧量增加。因此,湿(渍)害随之加重,后期湿(渍)害减产更大。据报道,小麦抽穗期遇湿(渍)害逆境,平均水温分别为 19.2℃、21℃、22℃时,其水中含氧量则分别为 9.23 毫克/升、8.9 毫克/升、8.73 毫克/升。

(4)地下水位　地下水位高低主要影响根系的生长和分布及吸收能力。椐江苏省多点多年试验,返青至拔节期间地下水位以 1～1.2 米为宜,越冬期以 0.6～0.8 米为宜,播种期以 0.5 米为宜。

(5)土壤　湿(渍)害与土壤质地、结构、有机质含量、矿质组成、pH 值等有关。土壤培肥、改良土壤结构,提高土壤保肥能力可有效提高小麦抗湿(渍)性。

**2. 预防或减轻小麦湿(渍)害的途径与措施**

(1)建立良好的麦田排水系统　"小麦收不收,重在一套沟"。从农业措施来说,麦田内外排水沟渠应配套,田内采用明沟与暗沟(或暗管、暗洞)相结合的办法。前者排除地面水,后者降低地下水位。秋季开好畦沟,出水沟应逐级加深。春季及时疏通三沟,做到沟沟相通,达到雨停田干。这些措施不仅可以减轻湿(渍)害,而且能够减轻小麦白粉病、纹枯病和赤霉病及草害。

(2)选育和选用抗湿(渍)性品种　不同小麦良种以及处于不同生育时期的小麦对湿害的反应都存在差异。已经筛选出的农林 46、pato、水里占等品种在孕穗期间的耐湿(渍)性都极强。显示培育抗湿(渍)品种对提高小麦抗湿(渍)性具有重要作用。

(3)采用抗湿(渍)耕作措施　改良耕作制度,避免水旱田交错,实行连片种植;加深耕作层,消除犁底层;增施有机肥料,改良土壤结构,增加土壤通透性;减少土壤中有毒物质,以及培育壮苗,建立合理的群体结构,协调群体和个体关系,发挥小麦自身的调节作用,提高小麦的群体质量,这些都是提高小麦耐湿(渍)能力的措施。

(4)合理施肥　由于湿(渍)害造成叶片某些营养元素(主要是氮、磷、钾)亏缺,碳氮代谢失调,从而影响小麦光合作用和干物质的积累、运输、分配以及根系生长发育、根系活力和根群质量,最终影响小麦的产量和品质。为此,在施足基肥(有机肥和磷、钾肥)的前提下,当湿(渍)害发生时应及时追施速效氮肥,以补偿氮素的缺乏,延长绿叶面积持续期,增加叶片的光合速率,从而减轻湿(渍)害造成的损失。

(5)适当喷施生长调节剂　在湿(渍)害逆境下,小麦体内正常的激素平衡发生改变,产生"逆境激素"——乙烯。乙烯和 ABA 增加,使小麦地上部衰老加速。所以在渍水时,可以适当喷施 6-BAepi-BR 等生长调节物质,以延缓衰老进程,减轻湿(渍)害。

### (六)小麦干热风与高温逼熟

干热风是我国北方麦区在小麦灌浆至成熟阶段发生的一种自然灾害。当干热风发生时,日最高气温大于 $30{}^\circ\!\text{C}$,相对湿度低于 $30\%$,风力 3 级以上,风速大于 3 米/秒,常使小麦灌浆过程受阻,青枯逼熟,粒重降低,从而造成减产。

高温逼熟是在小麦灌浆成熟阶段,遇到高温低湿或高温高湿天气,特别是大雨后骤晴高温,使小麦植株提早死亡,籽粒提前成熟,粒重减轻、产量下降。

## 1. 干 热 风

(1)干热风的发生条件与危害　干热风灾害是在高温、干旱和大风的气候条件下,小麦受环境高温、低湿的胁迫,根系吸水来不及补充叶片蒸腾耗水,导致叶片蛋白质破坏,细胞膜受损,叶组织的电解质大量外渗。北方麦区小麦在灌浆期间,常遇高温、低湿并伴随着强烈的西南风而形成大气干旱,若此时土壤水分不足,会使小麦植株体内水分供求失调,导致籽粒灌浆不足,灌浆时间缩短,粒重大幅度下降,从而使小麦减产。

干热风对小麦的危害程度与干热风的强度和持续时间有关,干热风越强、持续时间越长,危害越重。同一次干热风对小麦危害的程度因品种、生育期、土壤特性和管理技术措施等条件而不同。一般来说,早熟品种受害轻,晚熟品种受害重;乳熟后期和蜡熟期受害重,蜡熟后期因灌浆即将结束,受害就相对轻;沙岗薄地、盐碱地受害较重,黏土地次之,壤土地最轻;适期播种成熟早受害轻,晚播晚熟受害重;增施磷、钾肥早施氮肥的受害轻,施氮肥过晚和过量贪青晚熟的受害重;中后期浇水适宜的受害轻。

(2)干热风危害后的症状　受干热风危害的小麦,初始阶段表现为旗叶凋萎,严重凋萎1~2天后逐渐青枯变脆。初始症状为芒尖失水干枯,继而渐渐张开,即出现炸芒现象。由于水分供求失衡,穗部脱水青枯,变成青而无光泽的灰色,籽粒萎蔫但还有绿色,此时穗茎部的叶鞘上还保持一点绿色。小麦遭受不同程度干热风侵袭,大致出现3种类型的症状。

①轻度干热风危害后的症状　一般是从12时至14时,

穗部气温达 31℃,叶面温度超过 32℃,饱和差超过 3 200 帕,相对湿度低于 30%,此时小麦植株叶片开始萎蔫,出现炸芒现象。如果干热风强度不再增加,上述症状持续 5～6 小时后,小麦植株可恢复正常,对小麦产量影响较小。

②重度干热风危害 一般是从 11 时出现上述情况,14 时株间气温比 6 时高 14℃～16℃,饱和差达 2 800～3 500 帕,相对湿度猛降至 27%～30% 时,小麦植株叶片卷曲,发生严重炸芒现象,芒和顶端小穗干枯,整片麦田变成灰黄色。

③青枯死亡 在小麦收获前遇到大于 5 毫米的降水,3 天内气温在 30℃ 以上,突然遭受干热风袭击,会使小麦植株青枯而死。

(3)干热风的防御措施

①农业综合防御措施 首先要建立农田防护林带,达到农田林网化,可减弱风速,降低温度,提高相对湿度,减少地面水分蒸发量,提高土壤含水量,显著降低干热风的危害;其次要加强农田基本建设,改良和培肥土壤,提高麦田保水和供水能力。

②栽培防御措施 一是选用早熟、丰产、耐干热风、抗逆性强的品种;二是调整作物布局,适时播种,尽量减少晚茬麦,争取尽早使小麦进入蜡熟期,可以躲避或减轻干热风危害;三是建立合理群体结构,培育壮苗,提高小麦抗旱性;四是因地制宜浇好麦田拔节孕穗水,防止灌浆期干旱。

③化学防御措施 在小麦生育中后期叶面喷洒化学制剂,是防御干热风最经济、最有效和最直接的方法。一是在孕穗至扬花期喷洒 0.2%～0.4% 磷酸二氢钾稀释液;二是结合后期防治病虫害,药肥(剂)混喷,一喷多防,尤其在生育后期使用硫酸钠等化学制剂防御干热风,具有较好的增产效果。

## 2. 高温逼熟

(1)高温逼熟的发生条件与危害　小麦灌浆的适宜温度为 20℃～23℃,高于 23℃就不利于小麦灌浆,超过 28℃基本停止灌浆。当小麦灌浆期遭到 27℃以上的高温,就会引起植株蒸腾强度大增,水分入不敷出;高温还引起小麦叶片气孔关闭、能力丧失,加速叶片干枯,光合作用受抑制。如果小麦遭受湿害,根系发生早衰,吸水、吸肥能力减弱,高温逼熟会更加严重。特别是在乳熟期以后连续降水后出现最高温度 30℃以上的天气,导致小麦突然死亡,同时千粒重大幅度下降而减产。

(2)高温逼熟的症状　根据气温和相对湿度高低分为高温低湿和高温高湿两种。

①高温低湿危害后的症状　在小麦灌浆阶段,如连续出现 2 天或 2 天以上 27℃以上的高温,3～4 级以上的偏南或西南风,下午相对湿度在 40% 以下时,小麦叶片即出现萎蔫或卷曲,茎秆变成灰绿色或灰白色,小麦灌浆受阻,麦穗失水变成灰白色,千粒重下降。

②高温高湿危害后的症状　在小麦灌浆阶段连续降水后使土壤水分过多,透气性差,氧气不足,此时植株根系活力衰退,吸收能力减弱;而紧接着又是高温暴晒,叶面蒸腾强烈,水分供应不足,植株体内水分收支失衡,很快脱水死亡。麦株受害后,茎叶出现青灰色,麦芒灰白色、干枯,籽粒秕、粒重低,产量和品质下降。

(3)高温逼熟的防御措施　可参考干热风的防御措施。

# 第六章 小麦标准化生产的
# 病虫害防治技术

## 一、小麦病虫害综合防治的策略

小麦病虫害种类很多,目前国内外报道的小麦病害有近200种,危害严重的有条锈病、叶锈病、白粉病、叶枯病、赤霉病、黑穗病、纹枯病、全蚀病、病毒病和胞囊线虫病等10多种;小麦虫害100多种,危害严重的有麦蚜、麦红蜘蛛、地下害虫、黏虫等。这些病虫害每年都有不同程度的发生,给小麦生产造成很大损失。

小麦病虫害的综合治理要从经济、有效、安全和无公害的角度出发,贯彻"预防为主,综合防治"的植保方针,协调应用各种防治措施和手段,包括植物检疫、选育和推广抗病虫品种、农业防治、生物防治、物理防治和化学防治,以强化植物检疫为保障,以充分利用抗病虫品种为前提,以改善农田生态环境、创造有利于小麦生长而不利于病害发生的环境条件为基础,充分发挥农业措施在病虫害防治中的作用。在做好小麦病虫监测和预防工作的同时,及时采取生物防治、物理防治和化学防治等措施,把小麦病虫害的损失降到最低限度。

### (一)加强植物检疫工作

植物检疫是防治病虫害的基本措施之一,也是实施病虫害综合治理措施的有力保证。随着经济发展,小麦种子和商品粮调运将更加频繁,给许多病虫害的传播创造了有利条件。因此,要按照国家植物检疫法规和各地有关植物检疫条例,对小麦种子的调运严格检疫,杜绝各种检疫对象的扩展蔓延。我国小麦病害的检疫对象包括小麦矮腥黑穗病(*Tilletia controversa* Kühn)、黑森瘿蚊(*Mayetiola destructor* Say)、毒麦(*Lolium temulentum* L.),各地补充的检疫对象还有小麦普通腥黑穗病[*Tilletia foetida*(Wallr)Lindr, *T. caries*(DC.)Tul.]、小麦粒线虫病[*Anguina tritici*(Steinb)Filipjev et stekn.]、小麦全蚀病[*Gaeummanomyces graminis*(Sacc.)Arx et oliver]等,要认真进行检疫对象的调查和监测,明确疫区和非疫区。对于小麦育种和种子繁育基地,要认真进行产地检疫,并实行种子调运、邮寄、销售过程中的检疫证书制度。各地一旦发现检疫对象,要立即采取有效措施,进行封锁和扑灭。

### (二)大力推广抗病虫品种

选育和推广抗病虫品种是控制病虫害并夺取小麦高产、稳产最经济有效的途径。生产上许多重要病虫害问题都是通过推广抗病虫品种而得到有效控制的,如小麦条锈病、叶锈病、白粉病、土传花叶病等。各地应根据当地的病虫害发生种类和危害情况,并结合发生趋势和病菌小种变化,选择适宜的高产、优质抗病虫品种。

要重视抗病虫品种的合理利用。首先应搞好抗病虫品种的合理布局。在病虫害的不同流行区采用具有不同抗性基因的品种,在同一个流行区内也要尽量搭配使用多个抗性品种,避免单一地大面积推广某一个抗病虫品种,以防止该品种因抗性丧失而造成严重危害。

## (三)农业防治

农业防治又称栽培防治,是小麦病虫害防治的基础。其目的是压低病原物数量,提高植物抗病性,创造有利于植物生长发育而不利于病害发生的环境条件。主要的农业防治措施有以下几条。

**1. 选用无病健康种子**  小麦播种前应进行种子精选,汰除混杂于种子中的菌瘿、虫瘿、病残体、虫蛀籽以及病秕籽粒,促使苗全、苗壮。

**2. 合理轮作**  实行合理的轮作制度,可使病原物因缺乏寄主而迅速消亡。轮作适于防治土壤传播的病害,如小麦全蚀病、胞囊线虫病、土传花叶病等。一般与非寄主植物轮作2～3年,就可显著减轻病害危害。

**3. 合理施肥**  合理的肥水管理不仅能使植物健壮地生长,而且能增强植物抵御病虫的能力。施肥时要注意氮、磷、钾、微量元素等营养成分的配合使用,防止施肥过量或不足。在纹枯病、白粉病、锈病重发区,要控制氮肥使用量,在避免偏施氮肥的同时,应增施磷、钾肥;小麦胞囊线虫发生区,则要增施氮肥和磷肥。

**4. 适时适量播种**  目前生产上普遍存在播期偏早、播量偏大等问题,是诱发多种病虫害发生的因素之一。要根据品种特性和气候变化,进行适时适量播种,建立合理的田间群体,改善通风透光条件,可以明显减轻小麦白粉病、锈病、叶枯病、纹枯病和病毒病的危害。

**5. 加强田间管理**  利用浇封冻水、返青拔节水或及时进行早春耙耱,控制小麦红蜘蛛的发生;小麦生长后期灌水不当,田间湿度过高,往往是多种病害发生的重要原因。对高水肥麦田要控制灌水，降低田间湿度，可抑制白粉病、锈病和赤霉病的发生；如果穗期干旱，也应及时灌水，减轻蚜虫危害。

## （四）物理防治

物理防治主要是利用热力、光照、干燥、电磁波和辐射等手段抑制、钝化乃至杀死病原物和害虫，或利用比重等原理精选健康种子，汰除病虫粒和秕粒，以达到防治病害的目的。目前生产上利用物理方法防治小麦病虫害的措施主要有：利用风选、筛选等方法选种，利用日晒杀死种子携带的病菌和害虫，利用频振式杀虫灯诱杀麦田棉铃虫、麦叶蜂等多种害虫，降低田间落卵量，利用扫网法防治小麦吸浆虫等。

## （五）生物防治

生物防治是指利用有益生物及其代谢产物，或利用、调节自然界中的天敌生物来防治植物病虫害的方法。生物防治是今后病虫害防治的发展方向，但由于生物防治效果较慢且不够稳定，适用范围较狭窄，生物防治制剂的生产、运输及贮存又要求较严格的条件，其防治效益低于化学防治，现在还主要用作小麦病虫害的辅助防治措施。目前，在小麦病虫害生物防治方面已取得很大进展，如利用荧光假单胞杆菌防治小麦全蚀病，利用芽孢杆菌防治小麦纹枯病，利用麦田的瓢虫、蜘蛛、食蚜蝇、草蛉及蚜茧蜂等天敌防治麦蚜。需要指出的是，麦田是多种作物害虫的天敌源库，在进行病虫害防治时，要严格控制农药使用，注意保护天敌，形成良好的农田生态环境，特别是实现以麦蚜为主的病虫害的自然调控。

## (六)化学药剂防治

当前,化学防治技术仍然是小麦病虫害防治的关键措施,在面临病虫害大面积发生时,甚至是唯一有效的措施。与其他措施相比,它具有高效、速效、使用方便、经济效益高等优点,但使用不当会引起人、畜中毒,杀伤有益生物,导致病原物产生抗药性、农药残留和环境污染等问题。因此,科学合理地采用化学药剂防治是小麦病虫害防治工作中不可缺少的重要措施。

实施化学防治时,应根据病虫害发生种类,选择适当的农药品种进行防治;同时,要根据病虫害发生的危害规律,严格掌握最佳防治时间和最佳用量,做到适时、适量用药。化学防治时要突出"预防为主"的原则。实际生产中,应随时根据预测预报某种病虫害将要发生时或发生初期,提早喷药预防,既可减少农药用量,又可提高防治效果,不要等到病虫害已经严重发生后再喷药。

在病虫害化学防治工作中,还要注意交替使用农药,以延缓病虫抗药性的发生。另外,要推广一药多防技术,即一次用药防治多种病虫害,减少施药次数和使用量,降低防治成本。如利用辛硫磷和敌萎丹复合拌种,可以达到预防纹枯病、全蚀病、条锈病、黄矮病、白粉病、麦蚜、地下害虫等多种病虫害的目的。在扬花灌浆期将烯唑醇、吡虫啉和磷酸二氢钾等混用,可防治白粉病、叶锈病、叶枯病、黑胚病、麦蚜等病虫害,并兼防干热风,实现节本增效的目的。

# 二、小麦标准化生产的农药选择

化学农药是重要的农业生产资料,为防治农作物的病虫害发挥了积极的作用。但农药又是一类特殊的商品,对农产品质量和生态环境存在一定的负面影响。随着农业生产水平的发展和人们生活水平的提高,农产品的质量安全已成为当今社会十分关注的热点问题,安全、优质、高效已成为农业发展的首要目标。国家把大力发展绿色食品、有机食品和无公害食品放在重要的位置,2002 年农业部在全国实施了"无公害食品行动计划",各地也相继实施了"农产品质量安全保障工程"。人们对植物病虫害的防治工作,特别是对化学农药的使用提出了更高的要求。因此,如何科学合理、安全使用农药,既要保证小麦的高产稳产,又要提高商品小麦的质量,在确保小麦安全生产的同时确保人民的身体健康,是小麦病虫害防治工作中需要认真解决的课题。

## (一)农药选用的原则

根据无公害农产品生产的要求,在小麦标准化生产过程中,农药使用的原则是:优先使用生物和生化农药,严格控制化学农药使用;必要时应选用"三证"(农药登记证、农药生产批准证、执行标准号)齐全的高效、低毒、低残留、环境兼容性好的化学农药;每种有机合成农药在小麦生长期内应尽量避免重复使用。杜绝使用禁用农药(表 14)。

### 表 14　小麦标准化生产中禁止使用的化学农药种类

| 农药种类 | 农药名称 | 禁用原因 |
|---|---|---|
| 无机砷杀虫剂 | 砷酸钙、砷酸铅 | 高毒 |
| 有机砷杀菌剂 | 甲基胂酸锌、甲基胂酸铁铵（田安）、福美甲胂、福美胂 | 高残留 |
| 有机锡杀菌剂 | 薯瘟锡（三苯基醋酸锡）、三苯基氯化锡、毒菌锡、氯化锡 | 高残留 |
| 有机汞杀菌剂 | 氯化乙基汞（西力生）、醋酸苯汞（赛力散） | 剧毒高残留 |
| 有机杂环类 | 敌枯双 | 致畸 |
| 氟制剂 | 氟化钙、氟化钠、氟乙酸钠、氟乙酰胺、氟铝酸钠、氟硅酸钠 | 剧毒、高毒、易药害 |
| 有机氯杀虫剂 | DDT、六六六、林丹、艾氏剂、狄氏剂、五氯酚钠、氯丹、毒杀芬、硫丹 | 高残留 |
| 有机氯杀螨剂 | 三氯杀螨醇 | 高残留 |
| 卤代烷类熏蒸杀虫剂 | 二溴乙烷、二溴氯丙烷 | 致癌、致畸 |
| 有机磷杀虫剂 | 甲拌磷、乙拌磷、久效磷、对硫磷、甲基对硫磷、甲胺磷、氧化乐果、治螟磷、蝇毒磷、水胺硫磷、磷胺、内吸磷、甲基异柳磷、甲基环硫磷、杀扑磷 | 高毒 |
| 氨基甲酸酯杀虫剂 | 克百威（呋喃丹）、涕灭威、灭多威 | 高毒 |
| 二甲基甲脒类杀虫杀螨剂 | 杀虫脒 | 慢性毒性、致癌 |

| 农药种类 | 农药名称 | 禁用原因 |
|---|---|---|
| 取代苯类杀虫杀菌剂 | 五氯硝基苯、稻瘟醇(五氯苯甲醇)、苯菌灵(苯莱特) | 国外有致癌报道或二次药害 |
| 二苯醚类除草剂 | 除草醚、草枯醚 | 慢性毒性 |
| 其　他 | 乙基环硫磷、灭线磷、蟎胺磷、克线丹、磷化铝、磷化锌、磷化钙、硫丹 | 药害、高毒 |

## (二)农药种类和使用方法

　　根据当地病虫草害的种类,确定主要防治对象。播种期种子处理以防治地下害虫、黑穗病、纹枯病和全蚀病等病虫害为主;播后苗前至返青期以防治杂草、苗期白粉病、锈病、纹枯病等病虫害为主;返青拔节至抽穗期以防治纹枯病、红蜘蛛、白粉病、锈病、叶枯病等病虫害为主;抽穗期至扬花期以防治赤霉病、黑胚病、吸浆虫等病虫害为主;灌浆期以防治蚜虫、白粉病、锈病、叶枯病等病虫害为主。不同病虫害防治关键时期所使用的农药种类、使用方法和使用剂量见表 15。

表 15　小麦标准化生产中推荐使用的农药及其安全使用标准

| 防治对象 | 使用药剂 | 使用方法 | 使用剂量 | 安全使用期 |
|---|---|---|---|---|
| 地下害虫 | 5%辛硫磷 G | 土壤撒施 | 45 千克/公顷 | 播种期 |
| | 50%辛硫磷 EC | 拌　种 | 20 毫升/10 千克 | |
| | 5%乐斯本 G | 土壤撒施 | 1500~2250 克/公顷 | |
| 纹枯病 | 2.5%适乐时 FS | 包　衣 | 10~20 毫升/10 千克 | |
| | 3%敌萎丹 FS | 包　衣 | 10~20 毫升/10 千克 | |
| | 2%立克秀 WG | 拌　种 | 10~20 克/10 千克 | |
| | 12.5%烯唑醇 WP | 喷　雾 | 1500 倍液,30 升药液 | 返青拔节期 |
| | 25%敌力脱 EC | 喷　雾 | 1500 倍液,30 升药液 | |

| 防治对象 | 使用药剂 | 使用方法 | 使用剂量 | 安全使用期 |
|---|---|---|---|---|
| 全蚀病 | 12.5%全蚀净 FS | 包衣 | 20 毫升/10 千克 | 播种期 |
| | 3%敌萎丹 FS | 包衣 | 20～30 毫升/10 千克 | |
| 白粉病 | 12.5%烯唑醇 WP | 喷雾 | 1500 倍液,50 升药液 | 抽穗前后,收获前 20 天停止使用 |
| | 15%三唑酮 WP | 喷雾 | 1000 倍液,50 升药液 | |
| | 25%敌力脱 EC | 喷雾 | 2000 倍液,50 升药液 | |
| | 43%戊唑醇 SC | 喷雾 | 4000 倍液,50 升药液 | |
| 锈病 | 25%腈菌唑 WP | 喷雾 | 2000 倍液,50 升药液 | 发病初期,收获前 20 天停止使用 |
| | 12.5%烯唑醇 WP | 喷雾 | 1500 倍液,50 升药液 | |
| | 43%戊唑醇 SC | 喷雾 | 4000 倍液,50 升药液 | |
| 赤霉病 | 50%多菌灵 WP | 喷雾 | 800 倍液,50 升药液 | 扬化末期,收获前 20 天停止使用 |
| 叶枯病 | 12.5%烯唑醇 WP | 喷雾 | 1500 倍液,50 升药液 | 发病初期,收获前 20 天停止使用 |
| | 25%敌力脱 EC | 喷雾 | 1500 倍液,50 升药液 | |
| 黑穗病 | 2%立克秀 WG | 拌种 | 10～20 克/10 千克 | 播种期 |
| | 15%三唑酮 WP | 拌种 | 20 克/10 千克 | |
| 黑胚病 | 43%麦叶净 WP | 喷雾 | 600～800 倍液,50 升药液 | 扬花后 5～10 天,收获前 20 天停止使用 |
| | 12.5%烯唑醇 WP | 喷雾 | 1500 倍液,50 升药液 | |
| 蚜虫 | 10%吡虫啉 WP | 喷雾 | 2000 倍液,50 升药液 | 收获前 20 天停止使用 |
| | 3%啶虫脒 EC | 喷雾 | 2000 倍液,50 升药液 | |
| | 5%氯氰菊酯 EC | 喷雾 | 3000 倍液,50 升药液 | 收获前 7 天停止使用 |
| | 2.5%溴氰菊酯 EC | 喷雾 | 2000 倍液,50 升药液 | |

| 防治对象 | 使用药剂 | 使用方法 | 使用剂量 | 安全使用期 |
|---|---|---|---|---|
| 红蜘蛛 | 10%浏阳霉素 EC | 喷雾 | 2000 倍液,50 升药液 | 拔节至抽穗期、收获前 20 天停止使用 |
| | 15%哒螨灵 EC | 喷雾 | 225~300 毫升/公顷 | |
| | 2%灭扫利 EC | 喷雾 | 300~450 毫升/公顷 | |
| 吸浆虫 | 5%辛硫磷颗粒剂 | 土壤处理 | 45 千克/公顷, | 播种期 |
| | 2.5%溴氰菊酯 EC | 喷雾 | 225~300 毫升/公顷,加水 750~1125 升 | 抽穗期 |
| | 80%敌敌畏 EC | 撒施 | 1500~2250 毫升/公顷,加水 30 升搅匀,喷在 300 千克麦糠或干细土上,在下午均匀撒入麦田 | |

注:WP——可湿性粉剂;EC——乳油;FS——悬浮种衣剂;SC——悬浮剂;WG——水分散剂;G——颗粒剂

## (三)我国无公害农产品生产推荐使用的农药

### 1. 杀虫剂、杀螨剂

(1)生物制剂和天然物质 苏云金杆菌(BT 乳剂)、苦参碱、印楝素、烟碱、鱼藤酮、阿维菌素。

(2)合成制剂

①菊酯类 功夫菊酯、氰戊菊酯、5-氰戊菊酯、氯氰菊酯、高效氯氰菊酯、溴氰菊酯、氯氟氰菊酯、正大乳油、联苯菊酯、甲氰菊酯。

②氨基甲酸酯类 丁硫克百威、抗蚜威、速灭威、异丙威、硫双威。

③有机磷类 辛硫磷、敌百虫、敌敌畏、喹硫磷、三唑磷、快杀灵、乙酰甲胺磷、农地乐、乐果、杀螟硫磷、丙溴磷。

④昆虫生长调节剂　噻嗪酮、灭幼脲、抑食肼、氟铃脲、除虫脲。

⑤专用杀螨剂　扫螨净、哒螨灵、单甲脒、双甲脒、噻螨酮。

⑥其他杀虫剂　病虫散(井杀单)、单吡啉、菜喜、吡虫啉、仲丁威、啶虫隆、氟虫氰、杀虫双、杀虫单、啶虫脒。

**2. 杀 菌 剂**

(1)无机杀菌剂　碱式硫酸铜、氢氧化铜、氧化亚铜、石硫合剂。

(2)合成杀菌剂　多菌灵、百菌清、代森锌、代森锰锌、三唑酮、福美双、三唑醇、烯唑醇、戊唑醇、丙环唑(敌力脱)、腈菌唑、腐霉利、浸种灵、咪鲜胺、菌核净、乙烯菌核利、霜霉威、异菌脲、甲基硫菌灵、甲霜灵、三乙磷酸铝、三环唑。

(3)生物制剂　井冈霉素、农抗 120、春雷霉素、多抗霉素、木霉素、农用链霉素。

# 三、小麦标准化生产的主要病虫害防控技术

## (一)小麦真菌病

**1. 小麦锈病**　锈病对小麦植株的危害是多方面的,可大量掠夺植株体内的养分和水分,干扰和破坏植株正常的生理功能;使呼吸作用增加,光合作用降低,叶绿素被破坏,光合效率下降;同时由于表皮组织受到破坏,使其蒸腾量显著增加,失水严重,最终造成叶片早枯,籽粒秕瘦,千粒重和产量降低,品质变劣。锈病可分为条锈病、叶锈病和秆锈病 3 种,其中以条锈病和叶锈病发生较为普遍。

(1)小麦条锈病 主要分布在西北、西南、华北和黄淮麦区,历史上曾多次流行并造成重大损失。该病发病越早损失越重,一般病田可损失 20％～30％,严重地块可减产 70％以上。条锈病主要危害叶片,严重时也危害叶鞘、茎秆和穗部。发病叶片上初形成褪绿斑点,后逐渐形成隆起的黄色夏孢子堆。夏孢子堆较小、椭圆形、鲜黄色,与叶脉平行排列成整齐的虚线条状。后期寄主表皮破裂,散出黄色粉末物(夏孢子)。小麦近成熟时,在病部出现较扁平的短线条状黑褐色冬孢子堆,表皮不破裂。在小麦幼苗叶片上,病菌常以侵入点为中心向四周扩展,形成同心圆状排列的夏孢子堆。

防治上,应采用以种植抗病品种为主,药剂防治及农业防治为辅的综合防治措施。

①选育和种植抗病品种 这是防治条锈病经济有效的措施目前要选用能抗条中 30、31 和 32 号小种的品种,并避免在一个地区大面积单一种植抗源相同的品种。在一个地区,轮换种植具有不同抗性基因的抗病品种,或同时种植具有不同抗性基因的多个品种,使抗性基因多样化,以延长抗病品种的使用年限。

②加强栽培管理 避免过早播种,可降低秋苗发病率;铲除越夏区的自生麦苗,减少越夏菌源和早播地区的秋苗发病;施足基肥,早施追肥,适当增施磷、钾肥。合理密植,降低田间湿度,降低病害流行速度和危害程度;在条锈病发生流行时还要及时灌水,以避免因水分过度散失引起的叶片早枯。

③药剂防治 药剂防治是控制小麦条锈病的重要措施使用三唑酮,按种子量 0.03％的有效成分拌种,或利用 2％立克秀湿拌剂 1：500～1 000(药：种)拌种,可有效控制秋苗发病,播种后 45 天仍保持 90％左右的防效。春季拔节至抽穗

阶段,每公顷要在发病初期及时用 15％三唑酮可湿性粉剂 900～1 000克,或 12.5％烯唑醇可湿性粉剂 450～600 克,或 43％戊唑醇悬浮剂450～600 毫升,或 25％敌力脱乳油 450～ 600 毫升等药剂,加水 900 升进行喷雾防治。

(2)小麦叶锈病　一般只发生在叶片上,有时也危害叶 鞘,但很少危害茎秆或穗。叶片受害,产生圆形或近圆形橘红 色夏孢子堆,表皮破裂后散出黄褐色粉末(夏孢子)。叶锈病 夏孢子堆比条锈病大,但比秆锈病的小,不规则散生,多发生 在叶片正面。有时病菌可穿透叶片,在叶片两面同时形成夏 孢子堆。后期在叶背面产生暗褐色至深褐色、椭圆形的冬孢 子堆,散生或排列成条状。

小麦叶锈病应采取以种植抗病品种为主,栽培技术防病 和药剂防治相结合的综合防治措施。

①选育推广抗病品种　在品种选育和推广中应重视抗锈 基因的多样化,同时要注意品种的合理布局,防止具有某一抗 病基因的品种大面积单一种植。另外,要注意应用具有避病 性(早熟)、慢锈性和耐锈病性等性状的品种。

②加强农业防病措施　消灭自生麦苗,减少越夏菌源;在 秋苗易发生叶锈病的地区,避免过早播种,可显著减轻秋苗发 病。合理密植和适量、适时追肥,避免过多、过迟施用氮肥。 叶锈病发生时,南方多雨麦区要开沟排水,西北方干旱麦区要 及时灌水,可补充因锈菌破坏叶面而蒸腾掉的大量水分,减轻 产量损失。

③药剂防治　用三唑酮、戊唑醇等杀菌剂拌种,可有效控 制秋苗发病,减少越冬菌源数量,推迟春季叶锈病流行的时 间。春季防治,可在抽穗前后,田间普遍率达 5％～10％时开 始喷药防治,使用药剂包括丙环唑、烯唑醇、戊唑醇等。

**2. 小麦白粉病**　小麦白粉病是一种世界性病害,在世界各产麦区均有发生。随着耕作制度的改变、矮秆品种的推广以及水肥条件的改善,该病的发生逐年加重。目前已在我国20个省、自治区、直辖市普遍发生,以西南麦区和河南、湖北、江苏、安徽、山东和河北等省发病较重。小麦受害后,导致叶片早枯,成穗率降低,千粒重下降,一般减产10%左右,严重地块损失高达20%～30%,成为我国小麦生产上的重大病害之一。

(1)白粉病的症状　小麦白粉病在各个生育期均可发生,主要危害叶片和叶鞘,严重时也可危害茎秆和穗部。通常由植株下部向上发展,叶面病斑多于叶背。病部开始时出现黄色小点,然后逐渐扩大为圆形或椭圆形病斑,上面生有一层白粉状霉层。后期霉层变为灰白色或灰褐色,其中生有许多黑色小点(闭囊壳)。病斑多时可愈合成片,并导致叶片发黄枯死。茎秆和叶鞘受害后植株易倒伏。发病严重时,叶片早枯,植株矮小细弱,穗小粒少,对产量影响很大。

(2)白粉病的防治　应以推广抗病品种为主,辅以减少菌源、农业防治和药剂防治的综合措施。

①选用抗病品种　近年来我国在小麦抗白粉病品种的选育、筛选和鉴定方面做了大量工作,选育出了一批抗病品种(系),其中抗性较好的品种有郑州831、白兔3号、肯贵阿1号、百农64、鲁麦14号、冀麦5418、宁7840、徐州8785、宁麦3号、内乡991、新麦18、郑农16和郑麦9023等。由于小麦白粉病菌是专性寄生菌,病菌变异速度快,经常导致品种抗病性丧失。因此,在利用抗病品种时,应加强对当地病菌毒性结构的监测,对抗病品种做出合理布局,除利用低反应型抗病品种外,还要充分利用慢粉性和耐病性小麦品种。各地发现的慢

粉性小麦品种有望水白、豫麦 2 号、豫麦 15 号、豫麦 41 号、CA9230、宁 9131、皖 91590 和小偃 6 号等,耐病品种有铁青 1 号等。

②农业防治　应适时适量播种,控制田间群体密度,可以改善田间通风透光,增强植株抗病能力,减少病害发生;根据土壤肥力状况控制氮肥用量,增施有机肥和磷、钾肥,避免偏施氮肥造成麦苗旺长而感病;要合理灌水,降低田间湿度,如遇干旱,则须及时浇水,促进植株生长,提高抗病能力。由于自生麦苗上的分生孢子和带病麦秸上的闭囊壳是小麦秋苗的主要初侵染源,所以麦收后应深翻土壤、清除病株残体,麦播前要尽可能铲除自生麦苗,以减少菌源,降低秋苗发病率。

③药剂防治　使用化学药剂是防治小麦白粉病的关键措施。药剂防治包括种子处理和生长期喷药防治。在秋苗发病早且严重的地区,采用杀菌剂拌种能有效控制苗期白粉病的发生,同时可以兼治条锈病和纹枯病等根部病害。常用药剂有 15% 三唑酮可湿性粉剂,按种子量的 0.2% 拌种;或用 2% 戊唑醇湿拌剂按 1:1 000(药:种)进行拌种。在春季发病初期病叶率达到 10% 时,要及时进行喷药防治,常用药剂有 15% 三唑酮可湿性粉剂、12.5% 烯唑醇可湿性粉剂、25% 敌力脱(丙环唑)乳油、43% 戊唑醇悬浮剂等,一般喷药一次即可。

**3. 小麦纹枯病**　小麦纹枯病是一种世界性病害,发生非常普遍。自 20 世纪 80 年代以来,由于小麦品种更换、栽培制度的改变以及肥水条件的改善,使纹枯病的发生在逐年加重。在小麦主产区河南省,纹枯病已成为发生面积最大的病害之一。该病对产量影响很大,一般使小麦减产 10%~20%,严重地块减产 30% 以上。

(1)小麦纹枯病的症状　小麦各生育期均可受害,造成烂芽、病苗死苗、花秆烂茎、倒伏、枯孕穗和枯白穗等多种症状。

①烂芽　种子发芽后，芽鞘受侵染变褐，继而烂芽枯死，不能出苗。

②病苗死苗　主要在小麦3～4叶期发生，在第一叶鞘上呈现中央灰白、边缘褐色的病斑，严重时因抽不出新叶而造成死苗。

③花秆烂茎　返青拔节后，病斑最早出现在下部叶鞘上，产生中部灰白色、边缘浅褐色的云纹状病斑，多个病斑相连接，形成云纹状的花秆。条件适宜时，病斑向上扩展，并向内扩展到小麦的茎秆，在茎秆上出现近椭圆形的"眼斑"。"眼斑"病斑中部灰褐色，边缘深褐色，两端稍尖。田间湿度大时，病叶鞘内侧及茎秆上可见白色蛛丝状的菌丝体，以及由菌丝纠缠形成的黄褐色的菌核。小麦茎秆上的云纹状病斑及菌核是纹枯病诊断识别的典型症状。

④倒伏　由于茎部腐烂，后期极易造成倒伏。

⑤枯孕穗和枯白穗　发病严重的主茎和大分蘖常抽不出穗，形成枯孕穗，有的虽能够抽穗，但结实减少，籽粒秕瘦，形成枯白穗。枯白穗在小麦灌浆乳熟期最为明显，发病严重时田间出现成片的枯死。此时若田间湿度较大，发病植株下部可见病菌产生的菌核，菌核近似油菜籽状，极易脱落到地面上。

(2)小麦纹枯病的防治　防治上，应实行以农业防治为基础，充分利用抗耐品种，辅之于药剂防治的综合防治策略。

①种植抗(耐)病品种　目前生产上缺乏高抗纹枯病的品种，重病地块选用中抗品种或耐病品种可以明显减轻病害造成的损失。研究表明，选用当地丰产性能好、耐性强或轻度感病品种，在同等条件下可降低发病程度20%～30%。山东省

在 20 世纪 90 年代初期大面积推广有一定抗性的小麦品种鲁麦 4 号,在生产中起到了一定效果。近年各地也鉴定出了一批抗性较好或比较耐病的品种,如偃展 4110、豫麦 34、新麦 18 和郑麦 9023 等,均可考虑选用。

②加强栽培管理　高产田块应适当增施有机肥,平衡施用氮、磷、钾肥,避免大量偏施氮肥;小麦返青期不宜过重追肥。重病地块要适期晚播,控制播量,做到合理密植,改善通风透光条件。灌溉时忌大水漫灌,控制田间湿度。

③药剂防治　可用 15％三唑酮可湿性粉剂,按种子量的 0.2％拌种,或用 2％戊唑醇湿拌剂 1∶1000(药∶种)拌种,或 2.5％适乐时悬浮种衣剂或 3％敌萎丹悬浮种衣剂 1∶500 包衣处理,对小麦纹枯病有很好的防治效果。仅靠种子处理很难控制春季纹枯病的发生和流行,在小麦返青拔节期应根据病情发展及时喷雾防治。可使用 12.5％烯唑醇可湿性粉剂 1 500 倍液,或 15％三唑酮可湿性粉剂 1 000 倍液,或 25％敌力脱乳油 1 000 倍液药剂等喷雾,均有较好的控制作用,同时还可兼治小麦白粉病和锈病。

④生物防治　目前,人们正在积极探讨一些生物方法防治小麦纹枯病。如南京农业大学研制的麦丰宁 B₃,在江苏等地的试验中,对纹枯病的防治效果达 70％左右。

**4. 小麦全蚀病**　这是一种世界性的病害,在我国各地均有发生,其中以山东、河北、甘肃、内蒙古、陕西、山西、河南等省、自治区发生较重。一般病田引起减产 20％～30％,重病田可达 50％以上,甚至绝收。

(1)小麦全蚀病的症状　主要危害小麦根部和茎基部,在苗期至成株期均可发生。幼苗期受害,初生根(种子根)和根茎变黑褐色,特别是病根中柱部分变为黑色。次生根上有大量黑褐色病斑,严重时病斑联合,根系死亡,造成死苗。尚能存活的病苗叶色变浅,基部叶片黄化,植株矮小,病株易自根茎处拔断。潮湿条件下,茎基部1～2节变成黑褐色(俗称"黑脚")。返青至拔节期表现为病株返青迟缓,黄叶增多,拔节后叶片自下而上黄化,植株矮化,重病株根部变黑。发病初期在变色根表面有褐色粗糙的匍匐菌丝。抽穗后根系腐烂,病株早枯,形成"白穗"。发病后期在潮湿条件下,在茎基部表面及叶鞘内侧,布满紧密交织的黑褐色菌丝层(俗称"黑膏药")。病根中柱部分黑色、匍匐菌丝和"黑膏药"是诊断全蚀病的主要依据。在潮湿情况下,小麦近成熟时在病株基部叶鞘内侧生有黑色颗粒状突起,即病原菌的子囊壳。但在干旱条件下,病株基部"黑脚"症状不明显,也不产生子囊壳。

(2)小麦全蚀病的防治 目前防治全蚀病主要采取植物检疫、农业防治、生物防治和药剂拌种相结合的综合防治措施。

①加强检疫,防止病害扩散蔓延 目前长江流域及其以南地区全蚀病尚未普遍发生,应认真做好病害普查工作,无病区严禁调运病区种子。

②选用高产耐病品种 室内外鉴定结果表明,各地尚未发现高抗小麦全蚀病的材料,但品种抗性仍有一定差异。同时,在燕麦、黑麦、冰草、一粒小麦和山羊草等小麦远缘属和近缘植物中发现了高抗和中抗材料,目前生产上可利用具有较好丰产性和一定耐病性的品种,如烟农15号、济南13号、鲁麦12号、丰麦1号、四川12号、科优1号和偃4110等冬小麦品种及甘麦39号、平凉28号、固春系列等春小麦品种。

③加强栽培管理 适当增施充分腐熟的有机肥、硫酸铵或氯化铵、过磷酸钙等,提高土壤肥力,可以增强植株抗病力,

减轻病害发生。增加土壤中钙、镁、锰和锌等微量元素也能明显降低病害发生程度。零星发病区,要及时拔除病株并烧毁;重病区在拌种前深翻改土,并实行轮作换茬。旱粮地区,每隔2~3年可改种一茬大豆、油菜、甘薯或马铃薯等农作物;在经济作物区,可改种棉花、烟草、大麻、西瓜或蔬菜等作物;在稻作区实行1年以上的稻麦轮作,均可明显减轻病害。

④化学防治 播种时每10千克种子用12.5%全蚀净悬浮种衣剂20~30毫升包衣,或用3%敌萎丹悬浮种衣剂以药种比为1:(200~300)的比例包衣,或用三唑酮按种子量0.03%的有效成分拌种,对小麦全蚀病均具有较好的防治效果。小麦返青期每公顷用20%三唑酮乳油1500毫升或15%三唑酮可湿性粉剂2 250克,对水1 500升,去除喷头旋片,对准小麦茎基部喷射,可有效抑制病害发展蔓延,并能大幅度挽回产量损失。

⑤生物防治 国内外研究发现荧光假单胞杆菌、木霉菌等对小麦全蚀病菌均有一定抑制作用,并成功开发出了相关生物农药产品,如蚀敌、消蚀灵等,对小麦全蚀病有较好的防病和增产效果。

**5. 小麦赤霉病** 小麦赤霉病是世界温暖潮湿和半潮湿地区麦田广泛发生的一种严重病害。过去主要在我国长江中下游流域麦区发生严重,但近年来由于水肥条件改善,该病逐渐向北蔓延,发病日益严重。发病后籽粒皱缩,一般可减产10%~20%,严重时达80%~90%,甚至颗粒无收。小麦赤霉病不仅造成严重减产和品质降低,感病籽粒还可产生多种毒素如脱氧雪腐镰刀菌烯醇(deoxynivalenol,DON)和玉米赤霉烯酮(zearalenone,ZEA)等,人、畜食后会引起发热、呕吐、腹泻等中毒反应,甚至有资料报道还有致癌、致畸和诱变的作用,对人类健康影响很大。

(1)小麦赤霉病的症状　　自幼苗至穗期都可发生,可引起苗枯、茎基腐、秆腐和穗腐等症状,以穗腐危害最大。苗枯由种子带菌或土壤中病残体上病菌侵染所致。在幼苗的芽鞘和根鞘上呈黄褐色水渍状腐烂,轻者病苗黄瘦,严重时全苗枯死,枯死麦苗在湿度大时可产生粉红色霉层。茎基腐又称脚腐,茎基部受害先变为褐色,后期变软腐烂,造成整株死亡。拔起病株时,易在茎基腐烂处撕断,断口处呈褐色,带有黏性的腐烂组织,其上粘有菌丝和泥土等物。秆腐多发生在穗下第一和第二节,初在旗叶的叶鞘上出现水渍状褪绿斑,后扩展为淡褐色至红褐色不规则形斑,或向茎内扩展。病情严重时,造成病部以上枯死,有时不能抽穗或抽出枯黄穗。气候潮湿时病部可见粉红色霉层。穗腐于小麦扬花后灌浆期出现。初在小穗和颖片上产生水渍状浅褐斑,然后沿主穗轴上下扩展至整个穗部,引起穗腐。湿度大时,发病小穗颖缝处产生粉红色胶状霉层(分生孢子座及分生孢子),后期病部产生蓝黑色小颗粒(子囊壳)。空气干燥时,病部和病部以上枯死,形成枯白穗,但不产生霉层。病穗的籽粒干瘪,并伴有白色至粉红色霉层。

(2)小麦赤霉病的防治　　应采取以充分利用抗(耐)病品种为基础、适时喷施化学杀菌剂为重点、结合农业防治和减少初侵染来源的综合防治措施。

①选用和推广抗(耐)病品种　　各地相继选育出了一些中抗或耐病且丰产性好的小麦品种,如宁 8026、宁 7840、扬麦 4号、鄂麦 6 号、荆州 1 号、湘麦 10 号、皖麦 38、万年 2 号、繁635 和辽春 4 号等。最近,各地又选育了一批抗病且农艺性状较好的抗病品种(系),如生抗 1 号、生抗 2 号、宁 962390、

扬麦 9 号、长江 8809、川育 19、豫麦 36、郑农 16 和新麦 9 号等。此外,可选用早熟小麦品种,使抽穗扬花期避过有利发病的气候条件,也可减轻病害。

②加强农业防治,减少菌源数量　播种前要及时清除上茬病残体并翻耕灭茬,促使植株残体腐烂,减少田间菌源数量;播种时要精选种子,减少种子带菌率;控制播种量,避免植株群体过于密集和通风透光不良;增施磷、钾肥,控制氮肥施用量,防止倒伏和早衰;小麦扬花期应少灌水,多雨地区要注意排水降湿;小麦成熟后要及时收割,尽快脱粒、晒干、入库。

③药剂防治　在当前品种普遍抗性较差的情况下,化学药剂防治仍是防治小麦赤霉病的重要手段。最佳施药时间为扬花期,常用药剂为多菌灵和甲基硫菌灵等内吸杀菌剂。近期研究发现,戊唑醇、烯唑醇、咪鲜胺等三唑类或咪唑类杀菌剂对赤霉病有很好的防治效果。在江浙等对多菌灵出现抗性的地区可使用这些药剂,而在未发现抗药性菌株的地区可与多菌灵交替使用或使用多菌灵与其他药剂的复配药剂,以减少多菌灵的使用量,延缓病菌抗药性的发生与发展。

**6. 小麦叶枯病**　叶枯病是引起小麦叶斑和叶枯类病害的总称。世界上报道的叶枯病的病原菌达 10 多种,我国目前生产上以雪腐叶枯病、根腐叶枯病、链格孢叶枯病和壳针孢叶枯病等在各产麦区危害较大。小麦感染叶枯病后,常造成叶片早枯,影响籽粒灌浆,造成穗粒数减少,千粒重下降。有些叶枯病的病原菌还可引起籽粒的黑胚病,降低小麦商品粮等级。

(1)小麦叶枯病的症状　以危害小麦叶片为主,部分种类还可危害根部和穗部籽粒。几种叶枯病症状主要区别如表16。

## 表16  小麦几种叶枯病的症状特点比较

| 病列种类 | 雪腐叶枯病 | 根腐叶枯病 | 链格孢叶枯病 | 壳针孢叶枯病 |
|---|---|---|---|---|
| 发生时期 | 幼苗—灌浆期 | 苗期—收获期 | 多发生在灌浆期 | 多发生在灌浆期 |
| 危害部位和症状类型 | 危害幼芽、叶片、叶鞘和穗部,造成芽腐、叶枯、鞘腐和穗腐等症状,以叶枯为主 | 危害叶片、根部、茎基部、穗部和籽粒,造成苗腐、叶枯、根腐、穗腐和黑胚症状 | 主要危害叶片和穗部,造成叶枯和黑胚症状 | 主要危害叶片和穗部,造成叶枯和穗腐症状 |
| 叶片上病斑特点 | 病斑初为水渍状,后扩大为近圆形大斑,边缘灰绿色,中央污褐色,多有数层不明显轮纹。叶片上病斑较大或较多时即可造成叶枯 | 早期在叶片上形成褐色近圆形病斑。成株期形成典型的淡褐色梭形叶斑,周围有黄色晕圈。病斑相互愈合形成大斑,使叶片干枯 | 初期在叶片上形成小黄色褪绿斑,后扩展为中央灰褐色、边缘黄褐色长圆形斑。病斑可愈合形成不规则大斑,造成叶枯 | 初形成淡褐色卵圆形小斑,后形成浅褐色近圆形或长条形病斑,可连结成不规则形较大病斑。一般下部叶片先发病,逐渐向上,重病叶常早枯 |
| 病  征 | 病斑上产生砖红色霉层,边缘有白色菌丝层,有时产生黑色小粒点(子囊壳) | 潮湿时病斑上可产生黑色霉层 | 潮湿时病斑上可产生灰黑色霉层 | 病斑上密生小黑点,为病菌分生孢子器 |

(2)小麦叶枯病的防治  防治上,应以农业防治和药剂防治为主,辅之以使用无病种子和推广比较抗病和耐病的品种。

①使用无病种子和种子消毒  多种叶枯病都可以使种子带菌,因而使用健康无病种子,减少菌源量,可减轻病害发生。

对带菌种子可用 2.5％适乐时种衣剂 1∶500,或 3％敌萎丹种衣剂 1∶300～500(药∶种)包衣,或 2％立克秀湿拌剂 1∶500 拌种,或用种子量 0.03％(有效成分)的三唑酮拌种。

②农业防治  播前精细整地,并注意根据当地气候条件和品种特性进行适期适量播种;施足基肥,氮、磷、钾肥配合施用,避免过量和过晚施用氮肥,以控制田间群体密度,改善通风透光条件,增强植株抗病性。生长期要合理灌水,特别是小麦生长后期要避免大水漫灌,雨后应及时排水。麦收后要及时翻耕,加速病残体腐烂,以减少菌源。

③选用抗病和耐病品种  东北地区发现温州红和尚、华东 3 号和九三系列品系对小麦根腐叶枯病抗病性较好;河南省发现冀 5418、陕麦 253、藁麦 8901 和郑麦 9405 等品种叶枯病发生较轻。

④药剂防治  在发病初期应及时喷洒杀菌剂进行防治。防治雪腐叶枯病可使用 15％三唑酮,或 12.5％烯唑醇,或50％甲基硫菌灵等药剂;防治其他叶枯病可用 25％敌力脱,或 12.5％烯唑醇,或 75％代森锰锌等药剂。一般第一次喷药后根据病情发展,间隔 15 天左右再喷药一次。由于小麦叶枯病病原菌比较复杂,可以考虑不同杀菌剂复配使用,以提高防治效果。

**7. 小麦黑穗病**  小麦黑穗病包括散黑穗病、腥黑穗病和秆黑粉病等,以散黑穗病和腥黑穗病危害较大。

(1)小麦散黑穗病  俗称黑疸、灰包等。在我国冬、春麦区普遍发生,长江流域冬麦区和东北的春麦区发生较重。病害主要危害穗部,少数情况下茎及叶等部位也可发生。穗部受害形成一包黑粉,外部包被一层淡灰色薄膜,随薄膜破裂,黑粉散出,仅残留穗轴。有时穗的上部有少数健全小穗,其余部分变为黑粉。一般病株主茎及分蘖全部抽出病穗,偶有个别分蘖生长正常。近年来,由于广泛推广种子处理技术,小麦散黑穗病得到有效控制。

防治小麦散黑穗病,除利用抗病品种外,还应采用以种植无病种子和种子处理为主的综合防治措施。

第一,进行种子处理。一是药剂处理。每 10 千克种子使用 15％三唑酮可湿性粉剂 15～20 克或 2％立克秀湿拌剂 10 克拌种,也可用 3％敌萎丹悬浮种衣剂 20 毫升包衣,均可有效控制散黑穗病发生。二是物理消毒。可采用温汤浸种,方法是将种子在 44℃～46℃水中浸 3 小时,然后捞出种子,冷却并晾干即可。或用石灰水浸种,方法是将生石灰或消石灰 0.5 千克,加水 100 升,浸麦种 30～35 千克,种子层厚度以 0.6 米左右为宜,水面高出麦种 0.1 米左右。浸种后,不可搅动。浸种时间长短与水温有关:水温在 35℃以上时只需 1 天,30℃～34℃时需 1.5～2 天,25℃～29℃时需 2～3 天,20℃～24℃时需 3～4 天,15℃～19℃需 4～5 天。通常在夏季高温时进行。石灰水浸种是一种经济、有效、安全、易行的方法,仍为不少地方所采用。

第二,繁殖无病种子。建立无病种子繁殖田,无病种子田距离普通大田至少在 100 米以上。使用的播种麦种要经过严格检验,并用杀菌剂进行种子处理。

第三,选育抗病品种。小麦对散黑穗病的抗性是单基因显性遗传,抗源也丰富,有利于抗病品种的选育。目前发现川育 8 号和绵阳 19 号等小麦品种较抗病,病穗率明显降低。

(2)小麦腥黑穗病 俗称鬼麦、乌麦等。包括普通腥黑穗病、矮腥黑穗病和印度腥黑穗病 3 种。在我国只有普通腥黑穗病,后两种均未发现。小麦腥黑穗病不仅使小麦减产

10%～20%,还降低小麦品质和面粉质量。含有病菌孢子的小麦,制成面粉后有鱼腥气味,病粒作为饲料会引起畜禽中毒。小麦普通腥黑穗病包括光腥黑穗病和网腥黑穗病两种。二者在症状上基本一致。病株较健株矮化,但矮化程度因品种不同而有差别。穗部受害,病穗颜色比健株深,最初灰绿色,后期灰白色。病穗比健穗短,小穗密度较稀,有芒品种麦芒变弯曲变短,后期易脱落。病穗后期颖片张开,露出灰黑色或灰白色菌瘿,外部有一层灰色薄膜,破裂后散出黑色粉末、即病菌的冬孢子,有鱼腥味,故称腥黑穗病。

小麦腥黑穗病的防治应采取以种子处理为主,结合调种检疫、选用抗病品种和栽培防治的综合防治措施。

第一,种子处理。在选择抗病品种的基础上,用 15%三唑酮可湿性粉剂按种子量 0.2%的药量拌种,或用 2%立克秀湿拌剂按种子重量 0.1%～0.15%的药量拌种,或 3%敌萎丹悬浮种衣剂 1：500(药：种)包衣,均可取得较好的防治效果。

第二,加强种子调运检疫。为防止腥黑穗病的传播蔓延,要认真做好种子检验工作。要绝对不去病区调种,病区应建立无病留种田。

第三,栽培防病。适时足墒下种,冬麦区不宜过迟播种,春麦区不宜过早播种;播种深度不要过深,加快出苗速度,可以使发病率降低。在粪肥传染地区,不用麦糠(颖壳)、病麦秆和场土作垫草或沤肥。重病地实行轮作可减轻发病。

### (二)小麦病毒病

小麦病毒病是生产上的一类重要病害。国内外报道的能够侵染小麦的病毒数达 50 多种,我国已发现的小麦病毒病也有 10 多种。发生普遍而且比较严重的有黄矮病、丛矮病和土传花叶病等。

**1. 小麦黄矮病** 也叫"黄叶病"。我国于 1960 年首先在陕西省、甘肃省的小麦上发现并被报道,目前主要分布在西北、华北、东北、华中、西南及华东等冬麦区、春麦区及冬春麦混种区。该病在我国曾有多次大的流行,受害小麦一般减产 10%~20%,严重的可达 50%以上,个别地块甚至可造成绝产。

(1)小麦黄矮病的症状 该病在秋苗期和春季返青后均可发病,以春季症状比较明显。多危害新叶和上部叶片,病叶从叶尖开始发黄,颜色为金黄色到鲜黄色,黄化部分占全叶的 1/3~1/2。秋苗期感病的植株矮化明显,分蘖减少,一般不能安全越冬。即使能越冬存活,一般不能抽穗,或穗小粒少。穗期感病的植株一般只旗叶发黄、呈鲜黄色,植株矮化不明显,能抽穗,但穗粒数少,千粒重下降。

(2)小麦黄矮病的防治 应以选育和推广抗(耐)病丰产良种为主,加强治蚜防病,改进栽培技术,以达到防病增产的目的。

①选用抗病丰产品种 各地发现小麦品种之间抗病性的差异比较明显,尤其是耐病性较强的品种较多。如四川发现繁 6 抗病,河南鉴定发现小偃 5 号、陕农 7859 等比较抗病,江苏发现宁麦 7 号、9 号及 10 号高度抗病。

②农业防治 清除田间杂草,减少毒源寄主;增施有机肥,扩大水浇面积,创造不利于蚜虫繁殖的生态环境。

③治蚜防病 播种期可用 50%辛硫磷按种子量的 0.2%进行拌种,堆闷 3~5 小时后即可播种。秋苗期喷雾要重点防治未拌种的早播麦田,春季喷雾重点防治发病中心麦田及蚜

虫早发麦田。药剂可采用 5% 氯氰菊酯乳油 3 000 倍液,或 6% 增效溴氰菊酯乳油 2 000 倍液,或 10% 吡虫啉可湿性粉剂 300 克/公顷,加水喷雾。

**2. 小麦丛矮病** 又称"小蘗病"、"坐坡"。在我国各小麦产区分布较广。20 世纪 60 年代曾在我国西北地区和河北、河南、山东等省的部分地区流行。70 年代后又逐渐在江苏、浙江、内蒙古和新疆等省、自治区发生并流行。小麦植株感病越早,产量损失越大。轻病田减产 10%~20%,重病田减产 50% 以上,甚至绝收。

(1)小麦丛矮病的症状 是分蘗显著增多,植株矮缩,形成明显的丛矮状,上部叶片有黄绿相间的条纹。冬前感病的植株大部分不能越冬而死亡;轻病株返青后分蘗继续增多,严重矮化,一般不能拔节抽穗或早期枯死。拔节以后感病的植株上部叶片显条纹,能抽穗,但穗小粒秕,千粒重下降。

(2)小麦丛矮病的防治 防治时应采用以农业防治为主、化学药剂治虫为辅的综合防治策略。

①农业防治 要合理安排种植制度,避免麦棉间套作。大秋作物收获后应及时耕翻灭茬,减少毒源杂草及传播介体灰飞虱数量。秋播前及时清除麦田周边的杂草。

②治虫防病 关键是要抓苗前苗后治虫。播种时可用吡虫啉、甲基异柳磷、辛硫磷等杀虫剂拌种,可有效控制苗期危害。出苗后可进行喷雾治虫,可用药剂有:吡虫啉、锐劲特、蚜虱净等,一般在苗期和返青拔节期各喷药 1 次,重点是麦田四周的杂草和田边地头的麦苗。

**3. 小麦土传花叶病** 土传花叶病是由土壤禾谷多黏菌传播的病毒病害的总称,包括土传花叶病、黄花叶病和梭条斑花叶病等,以黄花叶病为主。该类病害在世界主要产麦国如美国、加拿大、巴西、阿根廷、意大利、日本、埃及等国均有分布。我国分布也比较广泛，以河南、山东、四川等省受害较重。山东省常年发病面积达 2 万公顷，发病田块减产 30%～70%。除危害小麦外，此病还可以危害大麦、黑麦等作物。近年来，该病发生不断加重，危害很大，应引起高度重视。

小麦土传花叶病的防治应采用以抗病品种为主，结合农业防治和土壤处理的综合防治措施。

(1)选育推广抗病品种　小麦品种中存在着丰富的抗病资源，并筛选出了一批抗病品种，如河南省发现郑麦 9023、豫麦 35、豫麦 51、豫麦 70、兰考矮早 8、豫麦 34、郑麦 366、温优 1 号、陕麦 253 和泛麦 5 号等品种比较抗病，在生产上使用后取得了良好的防病效果。

(2)农业防治　一是轮作倒茬，与非禾本科作物轮作 3～5 年，可明显减轻危害；二是适当迟播。避开病毒侵染的最适时期，可以减轻病情；三是增施肥料。发病初期及时追施速效氮肥和磷肥，促进植株生长，减少危害和损失；四是搞好田间卫生。麦收后应尽可能清除病残体，避免该病通过病残体和耕作措施传播蔓延。

(3)土壤处理　田间小面积发病时，可用熏蒸剂处理土壤。

### (三)小麦胞囊线虫病

胞囊线虫病是小麦等禾谷类作物的重要病害，是世界性的病害。目前，已在法国、英国、意大利、俄罗斯、美国、加拿大、澳大利亚、南非和印度等 30 多个产麦国家发生危害。此病在我国于 1989 年在湖北省首次报道。目前该病在河南、河北、山东、湖北、安徽、北京、山西、甘肃、青海等 10 多个省、直辖市均有分布,发生面积 20 多万公顷。一般使小麦减产 20%～30%,严重地块达 50% 以上。

我国小麦胞囊线虫病的病原主要是燕麦胞囊线虫(*Heterodera avenae*),属于线形动物门异皮线虫属。主要危害禾本科植物,除小麦外,还可以危害大麦、燕麦、黑麦等作物,同时还能侵害野燕麦、黑麦草、鹅冠草、鸭茅、狗尾草、牛尾草、紫羊茅、羊茅、马唐和旱雀麦等 40 多种杂草。

(1)小麦胞囊线虫的症状　此病主要危害根部,苗期受害后,植株发黄,僵苗不长,产生须根团并使根系呈乱麻状,严重时可导致植株枯死;在拔节后植株地上部生长矮化;在抽穗扬花期,根上可见白色亮晶状的胞囊,这是识别该病发生的重要特征;在成熟期,使麦穗小而粒秕,根上的胞囊变成褐色并随病残体或直接遗落于土壤中。

(2)小麦胞囊线虫的防治

①选育和推广抗病品种　抗病品种是防治该病经济而有效的办法。

②合理轮作倒茬　将小麦与非寄主作物如豆科、水稻进行 2～3 年轮作,可以大大降低土壤中线虫群体数量,有效减轻病害造成的损失。

③栽培措施　冬麦区适当早播、春麦区适当晚播,可以避开线虫的孵化高峰,减少侵染几率。增施肥料特别是增施有机肥和氮肥,可以促进小麦生长,补偿部分损失,减轻危害。

④化学防治　在小麦播种期用 10% 克线磷颗粒剂,每公顷用量 3～4.5 千克,播种时沟施;或每公顷施用 3% 万强颗粒剂 3 千克,对该线虫有一定的防治效果。有条件地区可应用熏蒸性杀线虫剂处理土壤,或用含有杀线虫剂的种衣剂处理种子,控制早期侵染。

### (四)小麦虫害

**1. 麦蚜** 是危害小麦的重要害虫。从小麦苗期到乳熟期都可危害,刺吸小麦汁液,致使叶片卷曲,灌浆不饱,籽粒秕瘦,严重减产。同时,麦蚜还能传播小麦黄矮病毒病。

我国麦蚜种类较多,主要有麦长管蚜、麦二叉蚜、禾缢管蚜和麦无网长管蚜等,以麦长管蚜、麦二叉蚜危害更大。

(1)**麦蚜的发生规律** 麦蚜在温暖地区可全年孤雌生殖,不发生性蚜世代,表现为不全周期型。从北到南1年可发生10～20代。秋季小麦出苗后麦蚜即迁入麦田为害,以卵或成蚜在根部、枯枝叶上或土块下越冬。春季小麦返青后繁殖速度加快,小麦灌浆期是麦田蚜虫数量最多,为害损失最严重的时期。小麦蜡熟期大量产生有翅蚜飞离麦田,秋播麦苗出土后又迁入麦田。几种蚜虫的生活习性有所不同。麦长管蚜喜光耐潮湿,多在植株上部叶正面和穗部繁殖和为害;麦二叉蚜喜旱怕光照,多分布在植株下部和叶背面;禾缢管蚜喜湿怕光,主要嗜食茎秆和叶鞘。

(2)**蚜虫的主要防治措施**

①农业防治 冬麦区适期晚播与旱地麦田冬前冬后碾磨,可降低越冬虫源。清除田间杂草和自生麦苗,可减少麦蚜的适生地和越夏寄主。在南方禾缢管蚜重发区,减少秋玉米面积,切断中间寄主,可减少蚜虫发生。

②生物防治 小麦蚜虫天敌种类很多,如瓢虫、蚜茧蜂、食蚜蝇、草蛉等,对控制麦蚜群体数量和危害的作用很大。要创造适宜条件,促使麦田蚜虫天敌大量繁殖。华北冬麦区小麦与油菜或绿肥间作,有利于天敌的存活和大量繁殖。当天敌与麦蚜比在1:150以上时,天敌可有效控制麦蚜,一般不

必施药。天敌与麦蚜比在 1 ： 150 以下时,可用高效、低毒、选择性强的杀虫剂喷雾防治,既可有效防治蚜虫,又不伤害天敌。

③药剂防治  黄矮病发生区要进行药剂拌种,防治苗期蚜虫。可选用 40％乙酰甲胺磷乳油 20 毫升,加水 500 毫升喷拌麦种 10 千克,堆闷 6～12 小时后播种,还可兼治地下害虫及麦蜘蛛。未经种子处理的田块,当苗期蚜株率达 5％,或百株有蚜 20 头左右时就要喷雾防治。在非黄矮病流行区主要是防治穗期蚜虫。在扬花灌浆初期,百株蚜量超过 500 头,天敌与麦蚜比在 1 ： 150 以下,就要及时喷药防治,每公顷可用 50％抗蚜威 120～150 克,或 10％吡虫啉可湿性粉剂300～450 克,或 3％啶虫脒乳油 300～450 毫升,或 2.5％敌杀死乳油 225～300 毫升,加水 750 升均匀喷雾。

**2. 小麦红蜘蛛**

(1)形态特征与发生规律  我国小麦红蜘蛛主要有麦圆蜘蛛和麦长腿蜘蛛两种,前者属蜘蛛纲蜱螨目走螨科,后者属叶螨科。全国各麦区均有分布,北方以麦长腿蜘蛛为主,南方以麦圆蜘蛛为主。小麦红蜘蛛以成、若虫吸食麦叶汁液,受害叶上先出现细小白点,之后麦叶变黄,麦株生育不良,植株矮小,穗小粒少,严重时全株干枯。麦圆蜘蛛 1 年发生 2～3 代,春季繁殖 1 代,秋季 1～2 代,完成 1 个世代需 46～80 天,以成、若虫和卵在麦株及杂草上越冬。麦圆蜘蛛以为害小麦为主,主要分布在地势低洼、地下水位高、土壤黏重、植株较密的麦田。麦长腿蜘蛛 1 年发生 3～4 代,以成虫和卵越冬,完成一个世代需 24～46 天。多行孤雌生殖,成、若虫亦群集,有假死性。麦长腿蜘蛛主要发生在地势高燥的干旱麦田,除为害小麦、大麦外,还为害棉花、大豆等作物。

（2）小麦红蜘蛛的主要防治措施

①农业防治　因地制宜进行轮作倒茬，麦收后及时浅耕灭茬；冬、春进行灌溉，可破坏适宜其生活的环境，减轻为害。

②药剂防治　播种前用40%乙酰甲胺磷30毫升，加水1升，喷拌于10千克麦种上；或用35%好年冬种子处理剂以种子重量0.8%的药剂拌种。生长期，当目测大部分叶片有10%的叶面积有灰绿斑点，或小麦分蘖期百株螨量200～300头，拔节、孕穗期百株螨量达500头以上时，应立即用药剂防治。使用药剂有：每公顷用15%立杀螨乳油525～600毫升，或2%灭扫利乳油300～450毫升，或15%哒螨灵乳油225～300毫升，或15%扫螨净乳油150～225毫升，或1.8%阿维菌素300毫升，以上药剂任选一种对水750升常规喷雾。

**3. 地下害虫**　小麦地下害虫包括金针虫、蛴螬和蝼蛄等，是小麦生产上的一类重要害虫。以幼虫或成虫咬食植株基部，造成植株死亡，经常造成田间缺苗断垄。

（1）蛴螬　是鞘翅目金龟子科幼虫的总称，植食性种类中以鳃金龟科和丽金龟科的一些种类为主，大多食性极杂，发生普遍。蛴螬喜食刚刚播下的种子、根、块根、块茎以及幼苗等，造成缺苗断垄。

蛴螬体多白色，静止时弯曲成"C"形。体壁较柔软，多皱，体表疏生细毛，头大而圆，胸足3对。终生栖生土中，最适其活动的土壤温度在13℃～18℃，高于23℃逐渐向深土层转移，秋季土温下降后再移向土壤上层。蛴螬为害主要是春、秋两季最重，成虫有假死性、趋光性和喜湿性，对未腐熟的厩肥有较强的趋性。

主要防治技术有以下3点。

①农业防治　农业防治的措施：一是深耕可以加大蛴螬

越冬死亡率,在翻耕时可随犁捉虫,清除部分虫蛹。二是避免施用未腐熟的厩肥,减少成虫产卵数量。三是在蛴螬发生严重地块,及时灌溉,促使蛴螬向土层深处转移,避开幼苗最易受害时期。

②灯光诱杀 在成虫大量产卵之前,利用成虫的假死性和趋光性,可人工振落捕杀和用黑光灯诱杀效果较好。

③药剂防治 防治的措施:一是土壤处理法。可用 50%辛硫磷乳油每公顷 3 000～3 750 兑,加水 10 倍,喷于 375～450 千克细土上拌匀成毒土,顺垄条施,随即耕翻,或混入厩肥中施用;或用 5%辛硫磷颗粒剂,每公顷 37.5～45 千克处理土壤,都能收到良好效果,并兼治金针虫和蝼蛄。二是种子处理法。用 50%辛硫磷乳油 30 毫升,加水 300～500 毫升,拌种 10 千克。三是毒谷法。每公顷用辛硫磷乳油 750～1 500 毫升拌饵料 45～60 千克,撒于种沟中,可兼治蝼蛄、金针虫等地下害虫。

(2)金针虫 金针虫是鞘翅目叩甲科幼虫的总称,是一类重要的地下害虫。在我国,金针虫分布广泛,为害的作物种类也较多。常见的有沟金针虫和细胸金针虫,主要分布在我国的北方,危害各种农作物、果树及蔬菜作物等。以幼虫在土中取食播种下的种子、萌出的幼芽、农作物和菜苗的根部,致使作物枯萎致死,造成缺苗断垄,甚至全田毁种。

沟金针虫老熟幼虫体长 20～30 毫米,细长筒形略扁,体壁坚硬光滑,体黄色,前头和口器暗褐色,头扁平,上唇呈三叉状突起,尾端分叉,从头部至第九腹节渐宽。2～3 年 1 代,以幼虫和成虫在土中越冬。细胸金针虫末龄幼虫体长约 32 毫米,宽约 1.5 毫米,细长圆筒形,淡黄色,光亮。头部扁平,口器深褐色。第一胸节较第二、三节稍短。1～8 腹节略等长,尾节圆锥形,近基部两侧各有 1 个褐色圆斑和 4 条褐色纵纹,顶端具 1 个圆形突起。大多为两年完成 1 代,以成虫和幼虫在土中越冬,要求较高的土壤湿度(含水量为 20%～25%)适于偏碱性潮湿土壤,在春雨多的年份发生重。金针虫的防治可参照蛴螬防治技术进行。

(3)蝼蛄　昆虫纲,直翅目,蝼蛄科。是我国发生较普遍的地下害虫,主要有华北蝼蛄和非洲蝼蛄两种。蝼蛄为杂食性害虫,为害各种作物,包括谷类、薯类、棉、麻、甜菜、烟草、各种蔬菜以及果树、林木的种子和幼苗。以成虫和若虫在土中咬食刚播下的种子,特别是刚发芽的种子,也咬食幼根和嫩茎,造成缺苗断垄。蝼蛄咬食作物根部使其成乱麻状,幼苗枯萎而死。在表土层穿行时,形成很多隧道,使幼苗根部与土壤分离,失水干枯而死。

华北蝼蛄雌成虫体长 45～66 毫米,雄成虫体长 39～45 毫米,体黄褐色,头暗褐色、卵形,复眼椭圆形,单眼 3 个,触角鞭状。分布于长江以北各地,3 年左右完成 1 代,以 8 龄以上若虫或成虫越冬,若虫 12 龄历期 700 多天,成虫期近 400 天,喜潮湿土壤,含水量为 22%～27% 时最适于蝼蛄生存。非洲蝼蛄成虫体长 30～35 毫米,灰褐色,腹部色较浅,全身密布细毛。头圆锥形,触角丝状。在我国从南到北均有发生,南方每年发生 1 代,华北和东北约需 2 年发生 1 代,以成虫和若虫越冬。1 年中从 4 月至 10 月,春、夏、秋播种的作物均可遭受为害。蝼蛄的防治可参照蛴螬防治技术进行。

**4. 吸浆虫**　我国小麦上发生的吸浆虫有麦红吸浆虫(*Sitodiplosis mosellana*)和麦黄吸浆虫(*Comtarinia tritci*)两种,均属双翅目,瘿蚊科。为世界性害虫。前者主要分布在平原麦区,后者主要分布在高纬度地区。吸浆虫以幼虫吸食麦粒浆液,导致瘪粒,为害严重时造成绝收,是小麦生产上的毁灭性害虫。

(1)吸浆虫的形态特征与发生规律　麦红吸浆虫雌成虫体长 2～2.5 毫米,翅展 5 毫米左右,体橘红色,复眼大、黑色。前翅透明,有 4 条发达翅脉;后翅退化为平衡棍。触角细长,雌虫触角 14 节、念珠状,胸部发达,腹部略呈纺锤形,产卵管全部伸出。每年发生 1 代或多年完成 1 代,以末龄幼虫在土壤中结圆茧越夏或越冬。小麦进入拔节阶段,越冬幼虫破茧上升到表土层。小麦开始抽穗,麦红吸浆虫开始羽化出土,当天交配后把卵产在未扬花的麦穗上。卵多聚产在护颖与外颖、穗轴与小穗柄等处,每雌产卵 60～70 粒。成虫寿命约 30 多天,卵期 5～7 天,初孵幼虫从内外颖缝隙处钻入麦壳中,附在子房或刚灌浆的麦粒上为害。麦黄吸浆虫雌体长 2 毫米左右,体鲜黄色,产卵器伸出时与体等长。每年发生 1 代,雌虫把卵产在初抽出麦穗的内、外颖之间,幼虫孵化后侵害花器,以后吸食灌浆的麦粒。

(2)吸浆虫的防治

①选用抗虫小麦品种　选用颖口较紧的品种可以抵抗小麦吸浆虫产卵;也可选用早熟品种,避开小麦吸浆虫产卵期与小麦扬花期的吻合,减轻小麦吸浆虫的为害。近年来,各地小麦抗吸浆虫的品种有晋麦 31 号、晋麦 32 号、抗虫 11 号、小偃 503、鲁麦 14、郑农 8 号、豫展 1 号和中麦 9 号等,可因地制宜选用。

②农业防治　可通过调整作物布局,实行轮作倒茬,使吸浆虫失去寄主。实行土地连片深翻,把潜藏在土里的吸浆虫暴露在外,促其死亡。合理减少春灌,实行水地旱管,施足基肥,春季少施化肥,促使小麦生长发育整齐健壮,减少吸浆虫

侵害的机会。

③药剂防治　小麦吸浆虫在地下生活时间长、虫体小、数量多,应进行三步防治。一是在小麦播种前撒毒土防治土中幼虫,每公顷用50%辛硫磷乳油3 000毫升,加水75升,喷在300千克干土上,制成毒土撒施在地表,耙入土表层即可。或施用5%辛硫磷颗粒剂,每公顷用45千克,犁后撒于土表,再耙入土表层。二是在小麦孕穗期撒毒土防治幼虫和蛹,是防治该虫关键时期。当土温15℃时,小麦正处在孕穗阶段,吸浆虫移至土表层开始化蛹、羽化,这时是抵抗力弱的时期,每公顷用50%辛硫磷乳油2 250毫升,按上法制成毒土,均匀撒在地表后锄地,将毒土混入表土层中。也可在小麦抽穗前3～5天,于露水落干后撒毒土,毒土制法同上,可有效地灭蛹和刚羽化在表土活动的成虫。三是小麦抽穗开花期防治成虫。小麦抽穗时土温20℃,成虫羽化出土或飞到穗上产卵,这时结合防治麦蚜,喷洒40%乐果乳油2 000倍液,或50%辛硫磷乳油2 000倍液,或80%敌敌畏乳油2 000倍液,或2.5%溴氰菊酯乳油4 000倍液。水源不方便的地区或坡地,每公顷可用80%敌敌畏乳油1 500毫升,加水225～450升,喷拌在300千克细土上制成毒土撒施于麦田,发生严重的地块,可连续防治2次。防治吸浆虫的最佳时期为蛹期和成虫期。小麦吸浆虫化蛹盛期,该虫大都位于地表且多为裸蛹,对杀虫剂敏感,用药防治效果较好。特别是撒施毒土后降雨,增加了药剂和吸浆虫接触的机会,使防效提高。吸浆虫成虫对杀虫剂比较敏感,易被杀死,应注意在产卵盛期前进行防治。

# 第七章　小麦收获及产品质量的标准化

收获是小麦标准化生产的最后一个环节，及时收获是决定小麦产量高低、品质好坏的重要措施之一。一般成熟的小麦籽粒从田间收获，到进仓贮藏的过程包括收割、脱粒、清粮、干燥和贮藏等环节。

## 一、小麦收获标准化

小麦收获标准主要包括收获时间和收获方法，而各地的具体收获时间和收获方法主要是根据小麦的成熟程度、品种特性、生产条件以及当地的农事安排和天气特点等综合情况而定。

### (一)小麦的收获期

小麦的收获期主要是依据小麦籽粒的成熟程度而决定的。小麦成熟期分为乳熟期、蜡熟期和完熟期。乳熟期、蜡熟期又分为初、中、末三个阶段，并依据植株和籽粒的色泽、含水量等指标来判定。乳熟期的茎叶由绿逐渐变黄绿，籽粒有乳汁状内含物。乳熟末期籽粒的体积与鲜重都达到最大值，粒色转淡黄、腹沟呈绿色，籽粒含水率 45%～50%，茎秆含水率 65%～75%。蜡熟期籽粒的内含物呈蜡状，硬度随熟期进程由软变硬。蜡熟初期叶片黄而未干，籽粒呈浅黄色，腹沟褪绿，粒内无浆，籽粒含水量 30%～35%，茎秆含水量 40%～60%。蜡熟中期下部叶片干黄，茎秆有弹性，籽粒转黄色、饱满而湿润,种子含水量25%～30%,茎秆含水量35%～55%。蜡熟末期,全株变黄,茎秆仍有弹性,籽粒黄色稍硬,含水量20%～25%,茎秆含水量30%～50%。完熟期叶片枯黄,籽粒变硬,呈品种本色,含水量在20%以下,茎秆含水量20%～30%。

　　小麦适宜的收获期是蜡熟末期到完熟期。适期收获产量高、质量好、发芽率高。过早收获,籽粒不饱满,产量低,品质差。收获过晚,籽粒因呼吸及雨水淋溶作用使蛋白质含量降低,碳水化合物减少,千粒重、容重、出粉率降低,在田间易落粒,遇雨易在穗上发芽,有些品种还易折秆、掉穗。人工收割和机械分段收获宜在蜡熟中期到末期进行;使用联合收获机直接收获时,宜在蜡熟末期至完熟期进行;留种用的麦田在完熟期收获。若由于雨季迫近,或急需抢种下茬作物,或品种有易落粒、折秆、折穗、穗发芽等问题的,则应适当提前收获。此外,生产上还应根据品种特性、生产条件以及当地的农事安排和天气特点等综合情况适当调整。

　　全国小麦收获期由于生育期的不同自南向北逐渐推迟。一般华南冬麦区收获期在3月中旬至5月上旬;西南冬麦区在4月底至6月上旬;长江中下游冬麦区在5月中旬至6月上旬;黄淮冬麦区在5月底至6月中旬;北部冬麦区在6月中旬至6月下旬;东北春麦区在7月中旬至8月中旬;北方春麦区在7月上中旬,部分地区延迟至8月;西北春麦区在7月中旬至8月中旬;新疆冬春麦区的冬小麦在6月底至7月初;北疆春小麦在8月上旬;南疆春小麦在7月中旬;青藏高原的成熟期一般在8月下旬至9月中旬。

### (二)小麦的收获方法

小麦的收获方法有分别收获法、分段收获法和直接联合收获法。分别收获法是用人力、畜力或机具分别进行割倒、捆禾、集堆、运输、脱粒和清粮等各项作业。此法可根据各自生产条件灵活运用,投资较少,但工效低,进度慢,且一般损失较大,适宜于联合收割机无法收获的丘陵山区和小块地。分段收获法是利用在蜡熟中期至末期割倒的小麦茎秆仍能向籽粒输送养分的原理,把收割、脱粒分两个阶段进行。第一阶段用割晒机或经改装的联合收获机将小麦植株割倒铺放成带状,进行晾晒,使其后熟;第二阶段用装有拾禾器的联合收获机进行脱粒、初步清粮。分段收获的优点是:比直接联合收获提早5~7天开始,提高作业效率与机械利用率,加快收获进度;提高千粒重、品质和发芽率;减少落粒、掉穗及破碎率等损失;减少晒场及烘干机作业量;便于提前翻地整地;减少草籽落地。分段收获不但产量较高,质量好,而且成本低。分段收获的技术要点在于,除应注意割倒的适期外,还需掌握割茬高度在16~22厘米,放铺宽度1.2~1.5米,麦铺厚度6~15厘米,放铺角度10°~20°,割后晾干2~5天内及时拾禾脱粒等。

随着农业机械化的普及,目前大部分地区普遍采用直接联合收获法,此法是采用联合收获机在田间一次完成割刈、脱粒、初清,具有作业效率高、劳动强度小、损失少、收割质量好的优点。直接联合收获的技术要求为:割茬高度适宜,籽粒总损失率及破碎率低,清洁率高,作业进度快。为更好地适应农业技术要求,谷物联合收获机的发展趋势是大马力自走式,增大割刀行程和转速,加大滚筒直径及宽度,增加麦秆分离面积,改进清选装置,对割茬高度、喂入量、转速等进行自动控制和监视;

有的收获机还装有麦秆切割、撒施设备,利于秸秆还田。

# 二、小麦产后管理标准化

小麦收获后,由于杂质多、含水量高(20％～25％),容易发生出汗、发热、霉烂变质,必须经过清选、干燥或晾晒才能入库贮藏。小麦安全入库的标准为含水量不超过 12.5％,杂质不超过 1％。因此,小麦收获后,必须要经过清选、干燥等环节,才能入库安全贮藏。

## (一)小麦的清选与干燥

**1. 籽粒清选**  小麦籽粒清选一般采用气流、筛床、重力、振动等不同类型的清选机,作为种用的可采用种子清选机,除清除杂质外还可按籽粒大小、形状等分选;农户也可采用风车扬、木锨扬等方法清选。

**2. 籽粒干燥**  籽粒干燥广泛采用的是晒场晾晒,每天可使籽粒含水量降低 1％～2％,但自然晾晒完全依赖天气好坏,天气不好时必须进行人工干燥。人工干燥方法通常有高温快速干燥、低温慢速干燥、高低温组合干燥和高温缓苏干燥4 种。高温快速干燥可使干燥介质温度等于或高于被干燥物料所允许的温度(塔式干燥机为 90℃左右,喷泉干燥机为200℃以上),特点是速度快,生产率高,但耗能多,质量不易保证。低温慢速干燥,要求干燥介质温度比当时气温高 5℃左右,属贮粮为主、烘干为辅的批量式工艺,特点是耗能低,烘干质量好,但速度慢,适合农村小规模生产。高低温组合干燥是利用高温干燥工艺使麦粒快速升温,待水分降到 17％左右后不进行通风冷却,直接送入低温干燥仓内进行干燥,特点是耗能低,又能保证质量。高温缓苏干燥是将高温干燥过的麦粒送入缓苏仓缓苏 3 小时以上,使其温度梯度和湿度梯度在缓苏中达到自身平衡,含水量降至 15%左右后进行通风冷却,若麦粒含水量在 25%以上时,再返回进行高温干燥,特点是设备简单、操作方便、耗热低、又能保证质量,已被粮食系统、国有农场等广泛采用。人工干燥通常采用的干燥设备有塔式干燥机,循环式干燥机,低温通风分批式干燥机,圆桶形干燥机和流化干燥机。

### (二)小麦的标准化贮藏技术

小麦是一种耐贮粮种,只要及时暴晒去水,安全渡过后熟期,做好虫霉防治和隔离工作,同时控制好小麦贮藏期间籽粒自身的水分、温度和粮堆中气体成分等基本条件,使小麦处于干燥低温适宜的环境条件下,一般贮藏 4~5 年或更长一些时间,还可以维持小麦的良好品质。但要做好上述工作,做到安全贮藏,必须采取适当的贮藏技术。

**1. 热入仓密闭贮藏** 小麦具有一定的耐高温特性,具有较强的抗温变能力,在一定高温或低温范围内,大多不致丧失生命力,也不致使面粉品质变坏,这种特性为小麦高温密闭贮藏提供了依据。小麦密闭贮藏原理是减少氧气,控制种子的呼吸和有害生物呼吸。当氧气的浓度降低到粮粒间空气浓度的 2%左右时,贮藏物的多种害虫将被杀死。但应注意真菌在降到约 0.2%的氧气浓度时依然能够生长。

小麦热入仓密闭贮藏,首先应选择烈日天气,将小麦薄层摊晒,当麦温达 50℃~52℃时,保持 2 小时,水分降到 12%以下时,将小麦聚堆入仓,趁热密闭,用隔热材料覆盖粮面,压盖物要达到平、紧、密、实。目前应用较广的是塑料薄膜密闭法,可选 0.18～0.2 毫米聚氯乙烯或聚乙烯薄膜,采取六面、五面或一面封盖,在封盖之前应接好测温线路,便于测量粮堆的各部分温度变化。在隔热良好的条件下,可使粮食保持高温数日,经过两个月左右逐渐降至正常水平,转入正常管理。小麦热入仓贮藏必须注意以下问题:小麦的水分必须降到 12%,小麦日晒时应做到粮热、仓热、工具热"三热",防止粮堆外由于温度低而吸湿和结露。高温密闭时间为 10～15 天,视粮温而定。粮温由 40℃往下降为正常,如粮温继续上升,应及早解除封盖物,详细检查粮情。对种用小麦热入仓贮藏要慎用,长期保持高温容易使发芽率降低。对往年收获的种用小麦,不宜用此法。

小麦热入仓贮藏是一种利用高温杀虫的保存方法。主要优点为:一是简单易行,费用低,既适用于大的粮库,也适用于农村分户贮藏。二是有良好的杀虫效果。麦温在 44℃～47℃时可杀死全部害虫,含水量在 12.5% 以下、麦堆温在 42℃以上维持 10 天左右,其杀虫(包括蛹和卵)的效果可达 100%。三是促进后熟提高发芽率。小麦经暴晒后入仓密闭保持 10 天左右的高温,可缩短后熟期,提高发芽率。但长期保持高温,对种用小麦不利。四是能改善品质。由于暴晒后小麦水分低,后熟充分,工艺品质好,出粉率和面筋含量均有增无减。五是能防止污染。热贮藏不需再用药剂防虫,减少农药污染,保障人身安全。由于热贮藏方法的优点比较突出,所以是我国粮库和农村贮藏小麦的主要方法之一。

**2. 低温贮藏**  低温贮藏是使小麦在贮藏中保持一定的低温水平,达到安全贮藏的目的。低温贮藏有利于延长种子的寿命,更好地保持小麦的品质。温度越低,天然损失越小,也能控制害虫和微生物在麦堆中繁殖生长。对可食谷物,特别是小麦采用冷藏法毫无弊病,寒冷并不影响小麦的烘烤品质。研究表明,冷藏温度在 $-5℃\sim-7℃$ 时,完全能保障谷物的完整无损。水分不超过 18% 时,小麦在 $-15℃$ 的低温下贮藏半年,不影响发芽率。水分含量为 11.9% 的小麦,在 $4℃$ 下贮藏 16 年,品质仍然良好。粗蛋白质和盐溶性蛋白的含量没有发生变化,脂肪酸含量只有少数增加,含糖量略有下降,发芽率高达 96%,滴定酸度为 $0.38\sim0.4$ 仍属正常,维生素没有变化,面粉加工品质也基本正常。

低温贮藏方法,大致分为 4 大类:机械制冷、机械通风、空调低温、自然低温。我国低温贮藏多以自然低温为主,利用冬季严寒进行翻仓、除杂、通风冷冻、降低粮温。少量的也可在夜间进行摊晾,然后趁冷归仓,密闭封盖,进行冷密闭。大的粮库可通过机械通风降低粮温,将粮温降至 $0℃$ 左右,对消灭越冬害虫有较好的效果,而且可以延缓以后外界高温的影响,降低呼吸作用,减少养分的消耗。小麦在收获后的前 $1\sim2$ 年交替进行高温与低温密闭贮藏,是最适合农户贮藏小麦的一种方法。陈小麦返潮生虫时,可以日晒处理,但不宜趁热入仓密闭。低温密闭可持久采用,只要粮堆无异常变化,麦堆密闭无须撤除。

低温密闭的粮堆要严防温暖气流的侵入,以防粮面结露。低温使湿润种子冻结后会降低发芽率,所以温度过低时要注意含水量不能过高。低温贮藏时同样要注意生物危害。在低温高水分情况下,霉菌是主要的有害生物,当粮食水分超过 15% 时,霉菌会造成霉味,籽粒越潮湿越要防止生霉。螨类也可能造成危害。一般虫害不是很严重,但谷象是最耐低温的害虫之一,它能在 $0℃$ 下存活两个多月。因此,要注意对谷象的防治。

**3. 气调贮藏**  小麦采用气调贮藏时,主要利用自然密封缺氧贮藏方式。最大优点是保管费用低,仅需要较好的仓房密封条件,无须其他设备。密封材料为 0.15～2 毫米厚的聚乙烯薄膜。气调贮藏主要有三种方式:二氧化碳贮粮、充氮贮粮和自然密封缺氧贮粮。

缺氧贮粮既能因缺氧杀死粮堆中已有害虫,又能防止外界害虫感染。一般粮堆氧气浓度降到 2% 以下或二氧化碳增加到 40%～50% 时,霉菌受到抑制,害虫会很快死亡,粮食呼吸强度也会显著降低。

**4."三低"贮藏**  "三低"贮藏是低温、低氧、低药量贮藏的简称,是我国十几年来发展起来的一种综合控制粮堆生态系统的先进贮藏方法。其原理是人为创造有利于粮情稳定,而不利于虫霉繁衍生长的小气候。"三低"贮藏做到粮食不发热、不生虫、不霉烂、不变质、少污染,既可节约保管费用,又降低劳动强度。

低温贮藏主要抑制小麦呼吸作用,延缓陈化。主要方法:一是自然低温密闭贮藏;二是地下仓贮藏;三是仓库提高隔温效果;四是采用双层塑料薄膜低温密闭。

低氧贮藏的形式很多,如真空贮藏、充氮保管、充二氧化碳和自然缺氧等。自然缺氧方法较简单,应用广泛。在新麦干燥降水后,结合热入仓密闭,尽快用塑料薄膜封盖压严,在短期内氧气降至 2% 以下,二氧化碳升至 4% 以上,达到理想的增效杀虫效果,但是要防止结露霉变、酒精中毒。

低药量贮藏是低剂量、低浓度、长时间熏蒸,有良好的杀虫效果。一般低剂量熏蒸 5 000 千克小麦,磷化铝浓度为:对成虫和幼虫 3～6 克和 0.141 9～0.283 8 毫克/升;对卵和蛹 5～10 克和 0.244 3～0.488 6 毫克/升,可延长熏蒸期或采用间歇熏蒸法。低剂量熏蒸的密闭时间,一般不少于 20 天,延长密闭时间可提高杀虫效果。

**5. 土法贮藏**　土法贮藏主要是在少量、分散、贮存条件差的地方,采用植物杀虫或驱虫方法达到安全贮藏。主要方法有:花椒防虫法,即将花椒包放入贮粮器或将花椒(10～15粒)先放入锅内煮沸,再放入粮袋(1 条)煮 5 分钟,洗净晾干装粮,可防虫害;大蒜防虫法,即将大蒜 0.5 千克埋入 500 千克的粮堆,可防玉米象和大谷盗为害;艾、花椒叶防虫法,即将艾叶、花椒叶放入粮堆内,可防治贮粮害虫。土法防虫均需用塑料薄膜严格密封粮堆,才能达到安全贮藏的效果。

# 三、小麦品质及有害物质的残留标准

## (一)小麦的品质

目前,随着农业生产的发展及人们生活水平的提高,对小麦的品质提出了更高的要求。小麦的品质是一个极其复杂、多义性的概念。不同领域、不同行业的人员对小麦品质有不同的理解和表述。对应于加工和饮食消费两个环节,可以将小麦品质分为制粉品质、食用品质(食品制作品质)、营养品质和卫生品质四个方面。

**1. 制粉品质和食用品质**　制粉品质和食用品质通常被统称为小麦籽粒的加工品质。

(1)制粉品质　一般人们又把小麦籽粒的制粉品质称为一次加工品质,而把食用品质称为二次加工品质。小麦的制粉品质是从制粉工艺学的角度来认识小麦品质的,主要是指小麦籽粒与小麦制粉工艺过程直接相关的品质特性,如硬度、出粉率等。

（2）食用品质　食用品质是从食品加工工艺学的角度来考虑小麦品质的，主要是指由小麦粉体现出来的，对各类面制食品制作工艺过程和最终面制食品的质构、纹理等特性有直接影响的品质性状。其主要内容包括小麦粉面团品质或面团的物理特性、烘焙品质、蒸煮品质和煎炸品质等。

**2. 营养品质**　小麦的营养品质是从营养学的角度来分析小麦品质的，其主要是指小麦籽粒中的营养物质对人（畜）需要的适合性，包括小麦中各种营养物质的含量的多少、平衡性与全面性，还包括营养物质是否被人（畜）消化吸收、利用以及抗营养因子等。

**3. 卫生品质**　小麦的卫生品质是从卫生与预防医学的角度来分析小麦的品质，其主要内容包括有毒物质及含量、有害微生物、重金属污染和食用安全性等。

小麦的制粉品质、食用品质、营养品质和卫生品质这四个方面，虽然各自侧重不同，但在内容上有联系，在表达形式上彼此间也不是完全界限分明的。比如，小麦蛋白质不但是重要的营养品质指标，还可以反映其一次加工品质，甚至包括面团的物理特性；又如水分含量不但是表示干物质重量的重要指标，还是加工和贮藏的重要指标。

对于专用小麦粉的开发生产而言，小麦品质又是一个十分具体的概念，也就是说小麦的品质是具体地对应于某一类食品制作而言的。适合制作面包粉的小麦往往不适合于制作糕点粉。一种小麦品质的好与差，是指这种小麦是否具有能很容易地加工成品质优良的，有时还包括特定用途的面粉所应有的特性或品质。比如，某种小麦或者能加工成最适合于制作中国馒头的面粉，或者能加工成最适合于制作法式面包的面粉等。因此,我们讨论小麦的品质问题时,首先应该明确其相对应的面粉用途与要求,做到有的放矢。

### (二)小麦产品质量国家标准

影响小麦品质的因素很多。小麦的品种遗传特性对其品质的影响是第一位的,它是决定小麦品质的内因和依据。因此,提高小麦的品质,最主要的方法是进行品质育种。因此,世界各国都非常重视小麦品质的遗传改良。我国近年来也高度重视小麦的品质问题,一方面大力发展优质小麦生产,另一方面也积极开展小麦的标准化生产工作,制定了一系列的产品标准(包括国家标准和地方标准)和生产技术规范,以提高小麦商品粮的产量和品质。为与国际小麦质量标准接轨,1998年国家质量技术监督局颁布了优质中筋小麦品质指标(表17),1999年11月国家质量技术监督局又颁布了小麦质量指标(表18)、强筋小麦品质指标(表19)和优质弱筋小麦品质指标(表20)。

**表17　中筋小麦品质指标(GB/T 17320—1998)**

| | 项　　目 | 指　　标 |
|---|---|---|
| 籽　粒 | 容重(克/升) | ≥770 |
| | 蛋白质含量(%)(以干基计) | ≥13.0 |
| 面　粉 | 湿面筋含量(%)(以14%湿基计) | ≥28.0 |
| | 沉降值(Zeleny,毫升) | 30.0～45.0 |
| | 吸水率(%) | 56.0～60.0 |
| | 面团稳定时间(分钟) | 3.0～7.0 |
| | 最大抗延阻力(B.U.) | 200～400 |
| | 拉伸面积(平方厘米) | 40～80 |

### 表 18　小麦质量指标(GB/1351—1999)

| 等　级 | 容量<br>(克/升) | 不完善粒<br>(%) | 杂质(%)<br>总量 | 杂质(%)<br>其中矿物质 | 水分(%) | 色泽、气味 |
|---|---|---|---|---|---|---|
| 1 | ≥790 | ≤6.0 | ≤1.0 | ≤0.5 | 12.5 | 正　常 |
| 2 | ≥770 | ≤6.0 | | | | |
| 3 | ≥750 | ≤6.0 | | | | |
| 4 | ≥730 | ≤8.0 | | | | |
| 5 | ≥710 | ≤10.0 | | | | |

注：小麦水分含量大于表 1 规定的小麦的收购，按国家有关规定执行

### 表 19　强筋小麦品质指标(GB/T 17892—1999)

| | 项　目 | | 指　标 |  |
|---|---|---|---|---|
| | | | 一等 | 二等 |
| 籽　粒 | 容重(克/升) | | — | 770 |
| | 水分(%) | | — | 12.5 |
| | 不完善粒(%) | | — | 6.0 |
| | 杂质(%) | 总量 | | 1.0 |
| | | 矿物质 | | 0.5 |
| | 色泽、气味 | | | 正常 |
| | 降落数值(秒) | | | 300 |
| | 粗蛋白质(%)(以干基计) | | 15.0 | 14.0 |
| 小麦粉 | 湿面筋(%)(以 14% 湿基计) | | 35.0 | 32.0 |
| | 面团稳定时间(分钟) | | 10.0 | 7.0 |
| | 烘焙品质评分值 | | | 80 |

表 20　弱筋小麦品质指标(GB/T 17893—1999)

| 项　目 | | 指　标 |
|---|---|---|
| 籽　粒 | 容量(克/升) — | 750 |
| | 水分(%) — | 12.5 |
| | 不完善粒(%) — | 6.0 |
| | 杂质(%) 总量 | 1.0 |
| | 杂质(%) 矿物质 | 0.5 |
| | 色泽、气味 | 正常 |
| | 降落数值(秒) — | 300 |
| 小麦粉 | 粗蛋白质(%)(以干基计) | 11.5 |
| | 湿面筋(%)(以14%湿基计) — | 22.0 |
| | 面团稳定时间(分钟) — | 2.5 |

## (三)小麦及其产品中有害物质的限量标准

小麦及其产品中的有害物质主要包括杀虫剂、杀菌剂、除草剂、植物生长调节剂、污染物、真菌毒素等。在小麦标准化生产中,各种有害物质有一定的最高残留量限制,按照无公害农产品生产要求,小麦及其产品中农药及有害物质的最大残留限量见表21。

## 表 21　小麦及其产品中农药及有害物质的最大残留限量

| 有害物质种类 | | 最大残留限量（毫克/千克） |
|---|---|---|
| | 杀虫剂 | |
| | 乙酰甲胺磷（acephate） | 0.2 |
| | 磷化铝（aluminium phosphide） | 0.05（原粮） |
| | 克百威（carbofuran） | 0.1 |
| | 灭幼脲（chlorbenzuron） | 3 |
| | 氯化苦（chloropicrin） | 2（原粮） |
| | 毒死蜱（chlorpyrifos） | 0.1 |
| | 甲基毒死蜱（chlorpyrifos-methyl） | 5（原粮） |
| | 氰化物（cyanide） | 5（原粮） |
| | 氟氯氰菊酯（cyflathrin） | 5（原粮） |
| | 氯氰菊酯（cypermethrin） | 0.2 |
| 农 | 灭蝇胺（cyromazine） | 0.2 |
| 药 | 滴滴涕（DDT） | 0.05（原粮） |
| | 溴氰菊酯（deltamethrin） | 0.5（原粮），0.2（小麦粉） |
| | 二嗪磷（diazinon） | 0.1 |
| | 敌敌畏（dichlorvos） | 0.1（原粮） |
| | 除虫脲（diflubenzuron） | 0.2 |
| | 乐果（dimethoate） | 0.05 |
| | 杀螟硫磷（fenitrothion） | 5（原粮），2（小麦粉），5（全麦粉） |
| | 倍硫磷（fenthion） | 0.05 |
| | 氰戊菊酯（fenvalerate） | 0.2（小麦粉），2（全麦粉） |
| | 六六六（HCH） | 0.05（原粮） |
| | 七氯（heptachlor） | 0.02（原粮） |
| | 甲基异柳磷（isofenphos-methyl） | 0.02（原粮） |

| 有害物质种类 | 最大残留限量（毫克/千克） |
|---|---|
| 林丹（lindane） | 0.05 |
| 马拉硫磷（malathion） | 8（原粮） |
| 灭多威（methomyl） | 0.5 |
| 溴甲烷（methyl bromide） | 5（原粮） |
| 久效磷（monocrotophos） | 0.02 |
| 对硫磷（parathion） | 0.1（原粮） |
| 甲基对硫磷（parathion-methyl） | 0.1 |
| 氯菊酯（permethrin） | 2（原粮），0.5（小麦粉） |
| 甲拌磷（phorate） | 0.02 |
| 辛硫磷（phoxim） | 0.05（原粮） |
| 抗蚜威（pirimicarb） | 0.05（麦类） |
| 甲基嘧啶磷（pirimiphos-methyl） | 5（小麦），5（全麦粉），2（小麦粉） |
| 敌百虫（trichlorfon） | 0.1 |
| 杀菌剂 | |
| 多菌灵（carbendazim） | 0.05 |
| 百菌清（chlorothalonil） | 0.1 |
| 烯唑醇（diniconazole） | 0.05 |
| 丙环唑（propiconazole） | 0.05 |
| 五氯硝基苯（gnintozene） | 0.01 |
| 戊唑醇（tebuconazole） | 0.05 |
| 三唑酮（triadimefon） | 0.1 |
| 三唑醇（triadimenol） | 0.1 |
| 除草剂 | |
| 灭草松（bentazone） | 0.1（麦类） |

（农药）

| 有害物质种类 | | 最大残留限量(毫克/千克) |
|---|---|---|
| 农药 | 绿麦隆（chlortoluron） | 0.1(麦类) |
| | 2,4-滴（2,4-D） | 0.5 |
| | 野燕枯(difenzoquat) | 0.1(麦类) |
| | 敌草快（dillaat） | 2(小麦),0.5(小麦粉),2(全麦粉) |
| | 氯氟吡氧乙酸（fluroxypyr） | 0.2 |
| | 草甘膦（glyphosate） | 5(小麦),0.5(小麦粉),5(全麦粉) |
| | 百草枯（paraquat） | 0.5(小麦粉) |
| 植物生长调节剂 | | |
| | 矮壮素（chlormequat） | 5 |
| | 多效唑（paclobatrazol） | 0.5 |
| 污染物 | 镉 | 0.1(面粉) |
| | 汞(总汞,以 Hg 计) | 0.02(成品粮) |
| | 砷(无机砷) | 0.1(面粉) |
| | 铅 | 0.2 |
| | 铝 | 100(面制食品) |
| | 铬 | 1.0(粮食) |
| | 硒 | 0.3(成品粮) |
| | 氟 | 1.0(面粉) |
| | 苯并(a)芘 | 5(粮食)(微克/千克) |
| | 亚硝酸盐(以 NaNO$_2$ 计算) | 3(面粉) |
| | 稀土(以稀土氧化物计) | 2 |
| 真菌毒素 | 黄曲霉素 B$_1$ | 5(微克/千克) |
| | 脱氧雪腐镰刀菌烯醇 | 1000(微克/千克) |

# 参考文献

1. 金善宝主编. 中国小麦学. 北京:中国农业出版社,1996

2. 于振文主编. 作物栽培学(北方本). 北京:中国农业出版社,2003

3. 尹钧主编. 农业生态基础. 北京:经济科学出版社,1996

4. 黄义德,姚维传主编. 作物栽培学. 北京:中国农业大学出版社,2002

5. 山东农业大学主编. 作物种子学. 北京:中国农业科技出版社,1997

6. 农业部市场与经济信息司组编. 无公害小麦标准化生产. 北京:中国农业出版社,2006

7. 宋家永,阎耀礼,周新宝主编. 优质小麦产业化. 北京:中国农业科技出版社,2002

8. 迟爱民编著. 小麦标准化栽培技术. 北京:气象出版社,2001

9. 金善宝主编. 中国小麦生态. 北京:科学出版社,1991

10. 余松烈主编. 中国小麦栽培理论与实践. 上海:上海科学技术出版社,2006

11. 陈孝,马志强主编. 小麦良种引种指导. 北京:金盾出版社,2004

12. 吴远彬主编. 小麦优质高产新技术. 北京:中国农业科技出版社,2006

13. 金善宝主编. 小麦生态理论与应用. 杭州：浙江科学技术出版社，1992

14. 欧行奇编著. 小麦种子生产理论与技术. 北京：中国农业科技出版社，2006

15. 傅兆麟著. 小麦科学. 北京：中国农业科技出版社，2001

16. 万富世主编. 小麦主导品种与主推技术. 北京：中国农业出版社，2005

17. 庄巧生，王恒立主编. 小麦育种理论与实践的进展. 北京：科学普及出版社，1987

18. 曹广才，王绍中主编. 小麦品质生态. 北京：中国科技出版社，1994

19. 徐兆飞编著. 小麦品质及其改良. 北京：气象出版社，2000

20. 曹卫星，姜东，郭文善主编. 小麦品质生理生态及调优技术. 北京：中国农业出版社，2005

21. 孙宝启，郭天财，曹广才主编. 中国北方专用小麦. 北京：气象出版社，2004

22. 李洪连，徐敬友主编. 农业植物病理学实验实习指导. 北京：中国农业出版社，2007

23. 李振歧主编. 麦类病害. 北京：中国农业出版社，1997

24. 董金皋，李洪连，王建明等编. 农业植物病理学（北方本）. 北京：中国农业出版社，2001

25. 商鸿生. 麦类作物病虫害诊断与防治原色图谱. 北京：金盾出版社，2004

26. 朱恩林. 中国植保手册·小麦病虫防治分册. 北京：中国农业出版社，2004

27. 李振歧,商鸿生.小麦病害防治.北京:金盾出版社,2004

28. 苏国贤,张鸿喜.我国农业标准化生产发展的问题及对策.山西农业大学学报(社会科学版),2006,5(2):125~127

29. 祝月升,范晖.我国农业标准化的现状分析与对策研究.吉林商业高等专科学校学报,2006,2:21

30. 杨彬彬.推进我国农业标准化生产对策研究.陕西农业科学,2003(6):27

31. 赵常祥.应对入世挑战,大力发展标准化农业.发展论坛,2003(1):25

# 金盾版图书，科学实用，
## 通俗易懂，物美价廉，欢迎选购

| | | | |
|---|---|---|---|
| 玉米高产新技术(第二次<br>修订版) | 8.00元 | 小麦农艺工培训教材 | 8.00元 |
| | | 小麦标准化生产技术 | 10.00元 |
| 玉米农艺工培训教材 | 10.00元 | 小麦良种引种指导 | 9.50元 |
| 玉米超常早播及高产多<br>收种植模式 | 4.50元 | 小麦丰产技术(第二版) | 6.90元 |
| 黑玉米种植与加工利用 | 6.00元 | 优质小麦高效生产与综<br>合利用 | 5.00元 |
| 特种玉米优良品种与栽<br>培技术 | 7.00元 | 小麦地膜覆盖栽培技术<br>问答 | 4.50元 |
| 特种玉米加工技术 | 10.00元 | 小麦植保员培训教材 | 9.00元 |
| 玉米螟综合防治技术 | 5.00元 | 小麦条锈病及其防治 | 10.00元 |
| 玉米病害诊断与防治 | 7.50元 | 小麦病害防治 | 4.00元 |
| 玉米甘薯谷子施肥技术 | 3.50元 | 小麦病虫害及防治原色<br>图册 | 15.00元 |
| 青贮专用玉米高产栽培与<br>青贮技术 | 4.50元 | 麦类作物病虫害诊断与<br>防治原色图谱 | 20.50元 |
| 玉米科学施肥技术 | 5.50元 | 玉米高粱谷子病虫害诊<br>断与防治原色图谱 | 21.00元 |
| 怎样提高玉米种植效益 | 9.00元 | | |
| 玉米良种引种指导 | 9.00元 | | |
| 玉米标准化生产技术 | 7.00元 | 黑粒高营养小麦种植与<br>加工利用 | 12.00元 |
| 玉米病虫害及防治原色<br>图册 | 14.00元 | 大麦高产栽培 | 3.00元 |

以上图书由全国各地新华书店经销。凡向本社邮购图书或音像制品，可通过邮局汇款，在汇单"附言"栏填写所购书目，邮购图书均可享受9折优惠。购书30元(按打折后实款计算)以上的免收邮挂费，购书不足30元的按邮局资费标准收取3元挂号费，邮寄费由我社承担。邮购地址：北京市丰台区晓月中路29号，邮政编码：100072，联系人：金友，电话：(010)83210681、83210682、83219215、83219217(传真)。